この問題、とけますか？2

吉田敬一

大和書房

はしがき

わからなかったら、答えを見る

　パズルを学校の試験のように考えて、わからないと、あきらめる人がいます。しかし、パズルは知的とはいえ所詮は遊びなので、「しばらく考えて」わからないときは、答えを読んで、「なるほど！」と納得することが肝心です。「なるほど！」と感じた瞬間、脳内にはドーパミンが放出されるそうです。この脳内ドーパミンが、脳を活性化すると言われています。解ければ、さらにドーパミンは多く放出されるでしょう。脳が活性化すると見た目も若くなると、私は思っています。

　あるとき私は、はじめて会った人から「おいくつですか？」と訊かれ、「ちょうどになりました」と答えたら、「60歳ですか!? とても還暦には見えません、50歳代半ばで通りますよ」と言われました。このとき、私はちょうど70歳になったときでした。10歳以上も若く見られたわけです。パズルのおかげだと、勝手に思っています。

解くのにどのくらいの時間がかかるか、これは人さまざまです。数分で解ける人もいるでしょうし、何時間も、何日も考える人もいるでしょう。一人で考える人もいるでしょうし、家族や友だちと一緒にワイワイ言いながら楽しむ人もいると思います。いずれにせよ、わからなかったら、答えを読むことです。わからないからと放棄するのではなく、答えを読んで、「なるほど！」と思うことが大切です。

幅広い読者層

　第1巻（2017年2月発行）は、読者対象を中学生以上と考えていました。ところが、発売後半年くらい過ぎたころ、大阪市に在住の11歳の少女から出版社を通して解答例をいただきました。本書の解答よりもスマートなものでした。私は驚きと同時にうれしくなりました。彼女は将来数学者になる素質十分だと感じました。私はさっそく、その感想を少女に書き送りました。さらに数年前、東京の新聞にパズルを連載したとき、懸賞問題を出したところ、87歳の女性から解答をいただきました。読者層は私が想像していた以上に広いことに

気がつきました。多くの人が読んで楽しみながら、脳に喜びを与えて、若い人は出来るだけ長く若さを保持し、青春が過ぎた人は数年でも若さを取り戻してください。

2018年1月　著者

目 次

はしがき ………………………………………………… 3

第1部　頭の柔軟体操

- Q.1　最初は何に火をつける？ ………………………… 13
- Q.2　大統領になるための条件 ………………………… 15
- Q.3　新大阪に近い新幹線はどっち？ ………………… 17
- Q.4　猫がネズミを追いかける理由 …………………… 19
- Q.5　雨が上から降ってくる理由 ……………………… 21
- Q.6　ネズミに逃げられ続ける猫 ……………………… 23
- Q.7　空っぽの胃 ………………………………………… 25

第2部　思いがけない解決法

- Q.8　素人が将棋でプロに勝つ方法 …………………… 29
- Q.9　どっちが先にゴールする？ ……………………… 31
- Q.10　風変わりなオークション（その1） …………… 33
- Q.11　風変わりなオークション（その2） …………… 35
- Q.12　花瓶の価格 ……………………………………… 38

Q.13 最期まであきらめない男 ……………………… 41

Q.14 碁石取りゲーム ………………………………… 43

Q.15 何本買えばよいか？ …………………………… 45

Q.16 最強チームに勝つためには？ ………………… 47

Q.17 消えた50円 ……………………………………… 49

Q.18 消えた千円 ……………………………………… 51

Q.19 閉じ込められた地下室から脱出する方法 …… 54

Q.20 取り換えられた袋 ……………………………… 57

Q.21 相手の勘違いを誘う …………………………… 59

Q.22 自動撮影の工夫 ………………………………… 61

Q.23 くじは、先に引く？ 後に引く？ ……………… 63

第3部　頭がよくなる数字のパズル

Q.24 不思議な数式 …………………………………… 67

Q.25 虫食い算（その1） ……………………………… 69

Q.26 虫食い算（その2） ……………………………… 71

Q.27 三角形の頂点の数字は？（その1） …………… 73

Q.28	三角形の頂点の数字は?(その2)	75
Q.29	この数字、3で割り切れる?	77
Q.30	分数を分解する(その1)	79
Q.31	分数を分解する(その2)	81
Q.32	分数を分解する(その3)	83
Q.33	パンを均等に分ける	85
Q.34	連続する数の合計	87
Q.35	正方形を作る	89
Q.36	残った数字は?	91
Q.37	数探し	93
Q.38	小数第百位の数は?	95
Q.39	小数第99位の数は?	97
Q.40	どっちの数が大きい?	99
Q.41	2人兄弟と3人姉妹	101
Q.42	カードに書かれてる数を見破れ!	105
Q.43	大きな数のかけ算を瞬時に計算する方法(その1)	107
Q.44	大きな数のかけ算を瞬時に計算する方法(その2)	111
Q.45	兄弟の年齢	113
Q.46	不思議な数列	115
Q.47	箱の数は?	117
Q.48	1と0.999……は同じなの?	119
Q.49	虫食い算(その3)	121

- Q.50 覆面算（その1） …… 123
- Q.51 覆面算（その2） …… 127
- Q.52 虫食い算（その4） …… 129

第4部　常識を疑え

- Q.53 街灯は誰が点ける？ …… 135
- Q.54 三段論法はいつも正しい？ …… 137
- Q.55 12時を打つのに何秒かかる？ …… 139
- Q.56 板チョコを割る回数 …… 141
- Q.57 一辺の個数は？ …… 143
- Q.58 割り算を一番最後に計算する理由 …… 145
- Q.59 マイナスにマイナスをかけると…… …… 147
- Q.60 ゴミ漁りから始まった商売 …… 149
- Q.61 腕のいい祈祷師 …… 151
- Q.62 割り切れない遺産の相続 …… 153
- Q.63 美しい形の法則（黄金比） …… 155
- Q.64 美しい形の法則（白銀比） …… 159
- Q.65 一筆書きできる？（その1） …… 163
- Q.66 一筆書きできる？（その2） …… 167

Q.67 一筆書きできる？(その3) ……………… 169
Q.68 すべての橋を渡り切る ……………… 171

第5部　難問に挑戦

Q.69 司令官に望ましいタイプ ……………… 175
Q.70 公平な投票(その1) ……………… 177
Q.71 公平な投票(その2) ……………… 181
Q.72 合コンで全員の希望を叶える ……………… 185
Q.73 全員が納得する割り勘 ……………… 188
Q.74 進むべきか止まるべきか ……………… 192
Q.75 どの戦略をとるか？ ……………… 198
Q.76 Uボートの撃沈急増 ……………… 203
Q.77 公平な遺産の分配 ……………… 206
Q.78 最弱のガンマンが決闘で生き残る方法 ……………… 212

参考資料 ……………… 224

あとがき ……………… 226

Beat Your Brains out

第1部

頭の柔軟体操

ここでは一見馬鹿々しいけど、妙に納得させられるものを扱っています。とくに、Q.4、5では、「若さ」というものを思い知らされます。

　人は年を重ねるごとに、常識が身につく代わりに、豊かな発想を失います。それを実感させられるのが、ここでの問題に対する解答です。

　楽しみながら、脳を鍛えてください。

頭の柔軟体操

難易度
★☆☆

Q.1 最初は何に火をつける?

ずいぶん昔の話。冬山で遭難した男が、やっとの思いで山小屋にたどり着きました。男は寒さで震えながら懐中電灯で小屋の中を見ると、薪ストーブ、薪の束、ローソク、マッチ、ランプがありました。

遭難者は最初に何に火をつけたでしょうか?

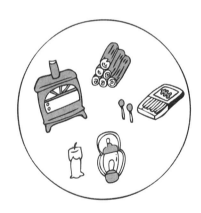

Answer 1 マッチ

　マッチの火がなければ、ほかのものは使えません。

　あたりまえすぎて、意外と気がつきません。このあたりまえを即座に思いつかないところに、固くなった頭脳を意識させられます。この問題は古くからあるもので、私の記憶に間違いがなければ、初出はH.E・Dudeney氏(1857-1930)か、藤村幸三郎氏(1903-1983)の著書で読んだはずと思って、手持ちの彼らの著書を探したが見つからず、関係しそうなほかの蔵書十数冊を調べましたが、いずれのも同種の問題発見できず。たしかに、むかし読んだ記憶があるので、心残り。Dudeney、藤村幸三郎、両氏ともに有名なパズル作家で、Dudeneyの作品『Amusements in Mathematics』(1917)の中に、日本の江戸時代の和算書『勘者御伽双子』(寛保3年、1743年)に出ている「小町算」(本書第1巻Q.42)が扱われています。両者のアプローチや時代性を考えると、おそらく偶然の一致と思われます。

頭の柔軟体操

難易度
★☆☆

Q.2 大統領になるための条件

アメリカ大統領になるには4つの条件があります。

「35歳以上であること」、
「アメリカ国籍の保有者であること」、
「アメリカに14年以上在住していること」、

もう1つは何ですか？

Answer 2 アメリカ大統領選挙で勝つこと

あたりまえすぎて、盲点です。

資料によれば、大統領選挙の被選挙権の条件は、「35歳以上」かつ「アメリカ合衆国国内における在留期間が14年以上」で、「アメリカの国籍保有者」であることの3つとなっています。この条件をすべて満足していても、選挙で勝たなければ大統領になれないのは当然です。

また、アメリカ国籍を保有するには、「アメリカ国内で出生」（出生地主義）もしくは「アメリカ国民が海外で出生」となっているようです。

頭の柔軟体操

難易度
★☆☆

Q.3 新大阪に近い新幹線はどっち？

　新幹線こだまが東京から時速180kmで新大阪に向かいます。同時に、新大阪から時速230kmでひかりが東京に向かいます。

　両新幹線がすれ違ったとき、新大阪に近いのはこだまとひかりのどっちですか？

　東京〜新大阪間の距離は553kmとします。

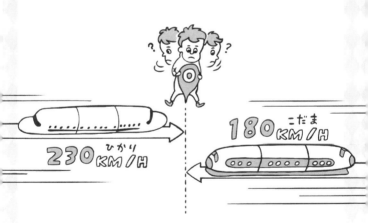

Answer 3
すれ違ったのだから、どちらも同じ場所です。

　時速や距離などに惑わされてはいけません。
　「距離」、「時速」とくると人は一瞬、習慣から「計算」を想像します。その前に出てきた用語に惑わされるためと思われます。日常生活でも「柔道、剣道、空手、相模、弓道」となっていると、人は「相模」を平気で「相撲」と読んでしまいます。また、化粧品会社で「寝る前にお股の手入れを…」とあった広告の下書きを、社内の何人かが見逃していたという話をむかし、読んだ記憶があります。肌と股、文字は似ていますが意味は大違いです。

頭の柔軟体操

Q.4 猫がネズミを追いかける理由

難易度 ★☆☆

猫はなぜ、ネズミを

追いかけるのでしょう？

下記の例にならって、

面白くて、愉快な理由を考えてください。

例：暇つぶし

Answer 4 以下は、中高生の解答

- むかし神様が十二支を決めるとき、ネズミに騙された恨み
- ネズミから挑発された
- ネズミのキュートなお尻を見て興奮
- むかし、ネズミに馬鹿にされた
- ネズミがうろちょろして、イライラするから
- 暇つぶし
- ネズミを食べたことがない
- 以前、ネズミにえさを食べられた恨み
- ネズミに愛情を持った
- ストレス発散

参考のため、社会人の発想は以下の通り。

- 運動不足解消のため（70歳代、元大学教授）
- 猫の本能（30歳代後半、会社員）
- 一目ぼれ／片思い（60歳代、主婦／40歳代、教員）
- 十二支に入れなかった代々の恨み（30歳代、学校事務員）

面白さでは、若い人に軍配!?
頭の柔軟さは、年齢とともに減少？

頭の柔軟体操

難易度 ★☆☆

Q.5 雨が上から降ってくる理由

雨はなぜ、上から降るのでしょう?

下記の例にならって、

楽しい、愉快な理由を考えてください。

例:神様は自分が濡れたくないため

Answer 5 以下は、中高生の解答

- 神様は自分が濡れたくないため
- 下から降ると、傘が使えないから
- 下から降ると、人間に迷惑がかかるから
- 人が花の水やりをさぼったから
- 上から降るのを、雨という

以下は社会人の発想。

- 傘が売れなくなるから（60歳代後半、元営業マン）
- 雨雲が上にあるから（50歳代、会社員）

中高生と社会人との比較評価は、読者で……。

頭の柔軟体操

難易度 ★☆☆

Q.6 ネズミに逃げられ続ける猫

老いた猫がネズミを狙っているが、いつも取り逃がします。取り逃がすたびに悔しさから老猫は奇妙な声をたてます。

ある夜、この猫が7回、この奇妙な声をたてました。猫は最少何匹のネズミを取り逃がしましたか？

Answer

6 最少1匹

　同じネズミをとり逃がしたと考えれば、最少は7匹ではありません。

　この問題もQ.3と同様、先入観で「計算」を考えてしまいます。どうしても視点を固定してしまいます。クイズは主として暗記中心ですが、パズルは視点を移動する訓練です。どこに視点を持っていくかで、鮮やかな解法が見つかります。多様な視点の移動は、脳の活性化にもつながります。日常生活でも視点の置き方次第で、人間関係も変わります。

頭の柔軟体操

難易度
★☆☆

Q.1 空っぽの胃

胃が空っぽの人は、

ハンバーグを

いくつ食べられますか？

Answer

Answer 1

1つ

　1つ食べれば、胃は空っぽではなくなるから。

　ハンバーグという名前は、ハンブルク(ドイツ)の名物タルタル・ステーキに由来していると言われています。

　タルタル・ステーキは騎馬民族タルタル人が食べていた生肉料理。ハンバーグという名前の由来はハンブルクがなまったものと言われています。

Beat Your Brains out

第2部

思いがけない解決法

ここでは、言われてみれば、「そんな手があったか!」と思われるものを取り扱っています。Q.9、17、18では、日常生活で起きそうな錯覚をテーマにしました。Q.19のように、地震国・日本では、すぐに使えそうな手もあります。

Q.10、11では競り・オークションを取り上げました。子供の頃、お祭りの夜店での「競り下げ」は、わくわくするものでした。

どんどん競り下がっていくので、次第に「得をした気分」になって、ここぞという値まで下がった時点で買って、家に帰って冷静になると、近所の店のほうが安かったということに気がつきますが、それも祭りの夜店ならではの喜びのひとつでした。

難易度 ★★	思いがけない解決法

Q.8 素人が将棋でプロに勝つ方法

将棋好きのAが、将棋の名人と竜王の2人を相手に戦って1勝1敗か、引き分けの結果を残す方法はありますか？

Answer 8 あります

　Aは、2人を相手に同時に指すと1勝1敗、もしくは引き分けになります。

① まず、Aは名人を相手に、後手で指します。

② 次に、Aは竜王を相手に、先手で指します。このとき、Aは名人が指した手と同じ手で竜王に指し、竜王が返してきた手と、同じ手で名人に指し返します。

③ これを繰り返すと、実質的には名人と竜王の勝負になるので、名人が竜王に勝てば、Aは名人には負けますが、竜王には勝つことになります。

実質的には、名人と竜王の対決になっています。

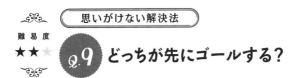

Q.9 どっちが先にゴールする?

A、Bの2人が100m競走をしました。Aがゴールしたとき、Bは3m後ろにいました。そこで、2人はスタート点に戻り、Aはスタートから3m下がって、2人同時に走りました。

どっちが先につきましたか?

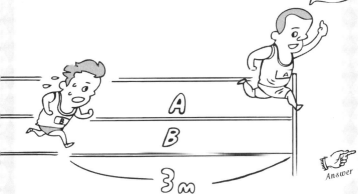

Answer 9
Aが先につきます

なぜなら、97m地点で2人が並ぶので、以降は足の速いAが先になります。

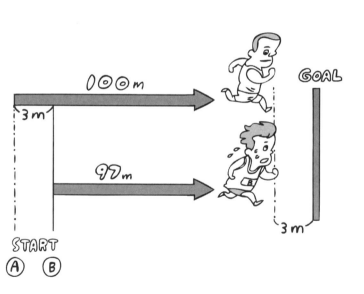

難易度
★☆☆

Q.10 **思いがけない解決法**
風変わりなオークション（その1）

　時価3万円と言われる絵がオークションにかけられています。

　このオークションはちょっと変わっています。

　落札できるのは従来通り最高値を付けた人ですが、実際に支払う金額は2番目の人が付けた額です。

　しかも、2番目の額を提示した人は、参加費としてその金額を支払わなければなりません。

　損をしないためのいい作戦は、あるでしょうか？

Answer 10 参加しないこと

　たとえば、Aが2万9000円で手を挙げ、Bは3万円で手を挙げたとします。

　Aはここで降りるとみすみす2万9000円を参加費として取られてしまうので、3万1000円を提示します。

　そうするとBは、ここで降りると3万円を損するので、3万1000円より高い金額を提示することになります。

　このようになると止まらなくなってしまうので、最初から参加しないのが一番良いのです。

難易度 ★★☆

思いがけない解決法

Q.11 風変わりなオークション（その2）

　落札権利は最高値を付けた人ですが、実際に支払うのは2番目の価格という方式をセカンド・プライス・オークションと言います。オークションの手法の1つです。競り落とす額を紙に書いて入札するもので、1回勝負です。

　どうせ払うのは2番目の価格だからと、相場よりかなりの高値を書いて入札するという策は上策でしょうか？

　Q.10と違っているのは、2番目の価格を提示した人は参加費としてその提示額を支払う必要がないことです。

Answer
11 上策ではありません

　みんなが同じことを考えたら、どうなるでしょうか？
　実質的な価値が10万円の品を前に、落札権利をとりたい2人の男A、Bがいたとします。
　Aは30万円、Bが20万円と書いて入札すると、Aは狙い通り落札権利を得ますが、実質的な価値が10万円しかない品に、20万円を支払うことになります。

　実際のこの方式では、その品物の価値相応で、かつ自分が支払える金額を書いています。
　最高値を付けた人が落札し、その金額を支払う従来の方式（ファースト・プライス・オークション）より、買手売手ともに大きな不満を持つことがない方式といわれております。ヤフオク！がこの方式をとっています。

　「競り」には大きく封印型（入札型）と、公開型があります。この例は封印型です。封印型にも2種類あって、1つは最高額を書いた人が競り落とし、記入した金額を支払うものです。

もう1つはこの例のように最高額を入れた人が落札出来ますが、実際に支払うのは2番目の入札額です。

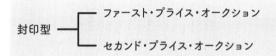

　一方、公開オークションの代表的なのが、築地の魚市場の競りです。一番の高値を付けた人が落札できます。相手の動きを見ながら値を付けていくことができます。もう1つは、競り下がっていくもので、これも下がり止まったところで落札です(下図参照)。花の競りがこの方式です。

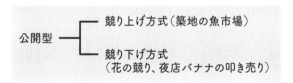

　渥美清さんの当たり役「男はつらいよ」の寅さんが演じるおなじみのタンカ売は競り下げです。

難易度
★ ★ ★

思いがけない解決法

Q.12 花瓶の価格

　友人A、Bは、それぞれ骨董の花瓶を家宝として所有しています。2人は自分の花瓶の価値が10万円は下らないと考えていますが、持て余し気味です。考えた末、2人とも売却することにして、同じ日に骨董屋に持っていきました。

　骨董屋は、2人に希望する売値を書かせ、2人が同じ価格ならその価格で2つとも買い取るが、違っていたら以下のようにするといいました。

- 高く書いた人の花瓶の買値 = 2人の売値の差
　　　　　　　　　　　　（高い方 － 安い方）
- 安く書いた人の花瓶の買値 = 2人の売値の和
　　　　　　　　　　　　（高い方 ＋ 安い方）

　うっかり相手より高い売値を書くと安く買われてしまうわけです。2人は内心、自分の花瓶の方が相手の花瓶より価値が高いと思っているので、少しでも高く売ろうと思っています。

さて、あなたなら、いくらの売値を書きますか？
もちろん、相談は許されません。

A、Bはお互い自分が希望する売値をどう書けばよいでしょうか？

Answer 12 2人とも欲を出すと失敗する

これはかなり興味深い問題です。たとえば、Aが11万円と書き、Bが12万円と書いたとします。骨董屋の買い方に従えば

① 高く書いた方Bからの買値 = 12 − 11 = 1万円
② 安く書いた方Aからの買値 = 12 + 11 = 23万円

欲を出して、うっかり相手よりも高く書くと、ひどい目にあいます。そうかといって、2人がそろって0円と書くと、(2人の希望値が同じなので)骨董屋に0円で花瓶を買い取られます。

欲をかくとひどいことになり、遠慮しすぎると骨董屋にタダ取りされます。

2人とも賢く、かつ運が良ければ、1人が0円と書き、もう1人が10万円(以上)と書くと、10万円−0円、10万円+0円で2人とも10万円(以上)で買い取ってもらえます。脳トレにはもってこいの問題です。

難易度 ★★☆

思いがけない解決法

Q.13 最期まであきらめない男

　赤球25個、白球25個の合計50個ずつ入った2つの箱があります。王様は、その前に立っている男に「目隠しをして、どちらかの箱を選び、1つだけ球を取り出せ。その球が赤なら死刑、白ならすぐに釈放する」と言いました。男は助かりたい一心で、王様に「箱の中の球を1つだけ移動してもよろしいですか？」と訊きました。王様は「全体の数さえ変えなければ、よろしい」と許可しました。

　男は、片方の箱から赤球を1つ取り出し、もう片方の箱に入れました。これで男が釈放される可能性（確率）は高くなるのでしょうか？

13 Answer
釈放される可能性がわずかながら上がる

　一見、釈放される確率は50％で変わらないような気がします。

　2つの箱をA、Bとすると、A、Bどちらの箱を選ぶ確率も$\frac{1}{2}$で変わりません。

　しかしその後はどうでしょうか？

　箱Aは赤球が1つ減ったので赤球24個、白球25個で、全部で49個。一方、箱Bは赤球26個、白球25個、全部で51個です。

　箱Aを選んだ時、白球を選ぶ確率 …… $\frac{25}{49}$

　箱Bを選んだ時、白球を選ぶ確率 …… $\frac{25}{51}$

　男が目隠しをしてA、Bどっちの箱を選ぶかの確率は$\frac{1}{2}$なので、白球を選ぶ確率は

$$\left(\frac{1}{2}\right) \times \left(\frac{25}{49} + \frac{25}{51}\right) = 0.5002\cdots$$

　白球を選ぶ確率は50％よりわずかに高くなり、釈放される可能性がわずかながら高くなります。

Q.14 碁石取りゲーム

難易度 ★★

思いがけない解決法

碁石が15個並んでいます。

1. 一度に取れる数は1〜2個
2. パスはなし
3. 最後の石を取った人が「勝ち」

というルールでA、B2人が勝負したとき、先手と後手のどちらが有利ですか？

Answer

Answer 14 後手有利（戦略次第で必勝）

　結論から言えば、後手は「先手が取った数＋後手が取る数」が3の倍数になるように取ればよい。

　たとえば、先手が1個取ったら、後手は2個取ります。こうすると、碁石は3の倍数で減っていきます。

　この調子で減っていくと、最終的に3個残って先手の番になります。先手が1個取ったら、後手は2個取って勝ち。先手が2個取ったら、後手は1個取って勝ち。どっちにしても後手が勝ちます。

　しかし、碁石の総数が14個のとき、この取り方をすると、14 ＝ 3個×4回＋2個なので、残った2個を先手が取って、先手の勝ちになります。

　必勝になるか否かは、碁石の総数によります。

難易度 ★★☆

思いがけない解決法

Q.15 何本買えばよいか？

ある店で「コーラ3本の空き瓶で、
新しく1本飲めます」と宣伝しています。
10人の人が1人1本ずつ飲みたいが、
10本買うにはお金が少し足りません。
最少、何本買えば、
10人全員が1人1本飲めますか？

Answer 15

7本

コーラ7本に番号を付けてみます。
　1、2、3、4、5、6、7

　まず、7本買えば7人が飲めます。つぎに、1、2、3の空き瓶を使って1本交換し、8番目の人が飲めます。つぎに、4、5、6の空き瓶を使って1本交換し、それを9番目の人が飲めます。つぎに、7番目の空き瓶と、8、9番目の空き瓶3本を使ってコーラ1本と交換し、10番目の人がそれを飲むことで、10人全員が1本ずつ飲むことができます。
　つまり、7本買えば10人が飲めます。

> 思いがけない解決法

難易度
★☆☆

Q.16 最強チームに勝つためには？

高校の剣道の試合でB校は、強豪A校と組み合わせとなりました。大将以下の両校の選手の強さを10段階で表すと、以下のとおりです。

	A校	B校
大将	10	7
副将	8	6
中堅	6	5
次鋒	5	3
先鋒	4	2

B校がこのままA校と対決すると、全敗です。
あなたがB校の顧問なら、どのような戦法をとりますか？

47

Answer 16 順番を入れ替える

　まともにぶつかると、全敗になるので、恥を忍んで順番を入れ替えます。
　B校の先鋒は誰とぶつかっても負けるので、相手の大将とぶつけます。逆に、B校の大将、副将、中堅が下位に降ります。

（ ）内は強さを表す

A校		B校
大将（10）	>	先鋒（2）
副将（8）	>	次鋒（3）
中堅（6）	<	大将（7）
次鋒（5）	<	副将（6）
先鋒（4）	<	中堅（5）

これで全敗はまぬがれ、3勝2敗に持ち込めます。

難易度
★★☆

思いがけない解決法

Q.17 消えた50円

A、B、2人がりんごをそれぞれ30個ずつ売っています。Aは2個で50円、Bは3個50円で売っています。

すべて売り終わるとAの売上は $(30/2) \times 50 = 750$ 円、Bの売上は $(30/3) \times 50 = 500$ 円になります。2人の売上の合計は1250円です。

ある日、「同じものを売る手間は一緒だから、まとめて売ろう」と2人の話がまとまって、それぞれが30個ずつ持ち寄って、5個100円で売りました。

売り終わって、計算すると $(60/5) \times 100 = 1200$ 円となり、50円不足になってしまいました。なぜでしょう？

Answer

Answer 17
単価が違うものを一緒にしたから

　Aは2個50円だから、単価は25円。一方、Bは3個50円だから、単価は$\frac{50}{3}$＝16.66…円。

　1組売るごとに、25円と16.66…円の差8.33…円の売上金額が少なくなるので、6組では8.33…×6＝49.99…円、少なくなります。

　正確に計算すると、

　1組売るごとに$\left(\frac{50}{2}\right) - \left(\frac{50}{3}\right) = \frac{50}{6}$円の損。

　6組では$\left(\frac{50}{6}\right) \times 6 = 50$円の損となります。

難易度
★★☆

思いがけない解決法

Q.18 消えた千円

3人が1人1泊1万円の宿に泊まり、翌朝3人分で3万円を女中に払いました。

帳場では「あの部屋はエアコンの調子が悪いから」と、5千円をお客に返すよう女中に持たせました。

ところが、女中は2千円をネコババして、お客に3千円を返しました。お客には1人あたり千円ずつ戻るので、1人9千円で泊まったことになります。

そうすると、お客が支払った宿泊費は9千円×3人で2万7千円、それに女中がネコババした2千円を加えても、2万9千円にしかなりません。

千円は、どこに消えたのでしょう？

Answer

18 Answer 千円は消えていません

以下のように計算すると、ぴったり3万円です。

帳場が受け取った値引き後の金額	2万5千円
女中がネコババした金額	2千円
お客に戻ってきた金額	3千円
合　　　計	3万円

お客が支払った宿泊費2万7千円(= 9千円×3人分)の内訳は

2万5千円(宿の受け取り分)

＋

2千円(女中のネコババ分)

これにさらに2千円(ネコババ)を加えると、ネコババを2回分加えたことになります。さらにお客の受け取り分3千円が抜けているので、3千円と2千円の差額の千円が消えてしまうわけです。

この話は有名で、あちこちのパズル本で取り上げられています。古くは昭和26年1月号の「小説新潮」の中で『特別阿房列車』(内田百閒)に出てきます。さらに古くは、昭和19年の『Riddles in Mathematics』(E.P.Northrop)で紹介されています。

難易度
★☆☆

思いがけない解決法

Q.19 閉じ込められた地下室から脱出する方法

　地下室で作業をしていたとき、突然の大きな地震で閉じ込められてしまいました。

　手持ちの作業用の電灯のわずかな明かりを頼りに、辺りを見渡しても、崩れ落ちた瓦礫などいろいろなものが転がって自由には動けません。停電でエレベータは使えず、階段も倒れた鉄の扉でふさがれています。普段は気にも留めていない空調用と思われる配管が、煩わしいだけです。

　悪いことは重なるもので、携帯の電波は届かない。電池も残り少ない。いくら叫び声をあげても、地上に届かないのか、助けは来てくれません。

　疲労と不安で途方に暮れていたとき、あるひらめきで地下にいる自分の存在を救助隊に知らせることができました。どうやって自分の存在を知らせたのでしょうか？

19 Answer
瓦礫(がれき)で配管を叩く

　彼は手探りで崩れた瓦礫の1つを拾い、それで配管を一生懸命に叩きました。その音が地上の配管に伝わり、自分の存在が救助隊の耳に入り、救助されました。

　このようなときは、やたらに声を上げるのは疲労するだけで、効果はあまり期待できません。音の出るものを利用することです。地震国・日本に住む者として、緊急の場合、どうすればよいか、つねに頭を使う訓練が大切です。知識も大切ですが、知識は想定内の対処だけです。しかし、現実には想定外のことが起きるものです。
　日常生活では知識よりも知恵を使うことが多いような気がします。普段から知恵を使いましょう。

思いがけない解決法

難易度 ★★☆

Q.20 取り換えられた袋

10gの純金が10枚入った袋が、10袋あります。

悪い奴がいて、1つの袋を1g軽い9g10枚の袋と入れ替えました。秤を1回だけ使って、この袋を見つけ出す方法を考えてください。

袋の重さはすべて同じとします。

20 Answer
袋に1、2、…、10と番号をつけ、袋の番号と同じ数の金を取り出す

袋を順に並べます。

1番目の袋から1枚、2番目の袋から2枚、……10番目の袋から10枚を取り出し、55枚の純金を量ります。

55枚全部が本物（10g）なら、全体の重さは550gになるはずです。もし547gしかなかったら、3g軽いので（3枚取り出した）3番目の袋が、取り換えられた袋とわかります。

> 思いがけない解決法

難易度 ★★

Q.21 相手の勘違いを誘う

ドイツ海軍のUボートが攻撃を受けました。被害はありませんでしたが、敵軍に「被害が出た」と勘違いさせるため、ドイツ海軍はどんな手を取ったでしょうか？

Answer 21 あらかじめ用意しておいた廃材や油を投げ捨てた

　実際に取られた手法のようです。海面に浮きあがってきた浮遊物を見て、連合国側は「やった！」と喜んだが、次第に「おかしい」と気がつき始めました。

　Uボートは第1巻でも取り上げたように、ドイツの潜水艦で、連合国側は一時期、ずいぶん悩まされましたが、「暗号の解読」、「爆雷の改良」などにより、次第に連合国側が有利になりました。映画でも何度も取り上げられましたが、とくに「眼下の敵」(1957、アメリカ、原題The Enemy Below)、「U・ボート」(1981、ドイツ、原題Das Boot)は有名で、後者はアカデミー賞6部門でノミネートされ、Uボートの名前を世界的に有名にしました。2000年代では、「Uボート最後の決断」(2003、アメリカ、原題In Enemy Hands)があります。最初の2作はテレビでも何度か放映されました。

難易度
★☆☆

思いがけない解決法

Q.22 自動撮影の工夫

あるテレビ局は「働くのを忘れてしまうような」美しくて楽しい場所を紹介する番組を作ろうと企画しました。

やっと見合った場所が見つかりましたが、撮影する段になってハタと困りました。

「働くのを忘れるような場所」を紹介するのだから、撮影する人がいてはおかしい。撮影すれば、その人が働いたことになるので、矛盾します。賢い視聴者は、「おかしい」と感じます。

さて、視聴者にそれを感じさせないように撮影するには、どうすればよいでしょうか。

Answer 22 カメラを2台使う

　カメラを2台用意し、1台は無人カメラとして使う。スタッフはみんなで、そのあたりでごろごろ寝転んでいる。その背後からもう1台のカメラを、カメラマンが操作すると、視聴者には自動カメラが撮影しているように見えます。

　しかし賢い視聴者は、この無人カメラで撮影しているのは誰だろう、という不信を持ちますが……。

思いがけない解決法

難易度 ★★

Q.23 くじは、先に引く?後に引く?

くじ引きで、

先に引くのと、後で引くのでは

どっちが当たりやすいですか？

Answer 23 どっちも同じ

当たりが1本しかないとき、最初の人が当たりを引いてしまえば、後の人が当たる確率はゼロです。そうなると、先が有利、となりそうですが…。

いま、10本のくじで当たりが1本として考えてみましょう。Aが先に引き、Bが後で引くとします。Aが当たりくじを引く確率は$\frac{1}{10}$です。後で引くBが当たるためには、Aが外れる必要があります。Aが外れる確率は$\frac{9}{10}$です。この条件の下で、残り9本の中でBが当たりを引く確率は

Aが外れる確率 × Bが当たる確率

$$= \left(\frac{9}{10}\right) \times \left(\frac{1}{9}\right)$$

ですのでこれを計算すると、$\frac{1}{10}$となって、Aと同じになります。

くじの後先で損得はありません。3人以上でも同じです。

Beat Your Brains out

第3部

頭がよくなる数字のパズル

方程式も因数分解もなく、算数・数学に対するイメージが変わる問題です。「これって、数学なの？」というのが、ここでの数学の問題です。「数遊び」です。数字が持つ不思議な性質を利用すると、いろいろな遊びができます。こんな遊びを通して、数学的な思考が身についていきます。

　方程式では解けない中学入試や国際数学オリンピックの問題も、「遊び」の眼で取り上げてみました。

Q.24 不思議な数式

電卓を使って、

以下の計算をしてみてください。

① 12345679×2×9

② 12345679×3×9

上の結果から、電卓を使わずに

以下の答えを推測してください。

③ 12345679×1×9

Answer 24
111111111

① 222222222
② 333333333
したがって
③ 111111111

9 = 10−1なので

$12345679 \times 1 \times 9 = 12345679 \times 1 \times (10-1)$
$= 12345679 \times (10-1)$
$= 123456790 - 12345679$
$= 111111111$

①、②もすべて同じ考えで、計算できます。

難易度
★ ☆ ☆

Q.25 **虫食い算(その1)**

次の式の□、○、△に当てはまる

1〜9の数字を見つけてください。

□ × △ = □

○ ÷ □ = 3

ただし、□、○、△、は

全て異なる整数です。

ヒント
① 上の式は□に△をかけても□のままなので、△は……
② 割って答えが3になるのは……
③ 答えは2組あります。

25

Answer
□ = 2、○ = 6、△ = 1
□ = 3、○ = 9、△ = 1

　□×△=□より、△は1だと容易にわかります。

　つぎに、○÷□ = 3になる組み合わせは、6÷2、9÷3の2組です。

　数字には面白いクセがあります。たとえば、九九の5の段は、5、10、15、20、…で分かるように、一の位の数は5か、0に限られます。また、9の段は9、18、27、36、…と一の位の数は9、8、7、…、2、1と降順に現れてきます。他の数の段を調べてクセを発見してみるのも楽しいものです。

難易度
★★☆

Q.26 虫食い算(その2)

次の式の□、〇、△に当てはまる

1〜9の整数を見つけてください。

□ + 3 = 〇

△ × 〇 = 18

ただし、□、〇、△、は

全て異なる数字です。

ヒント
掛けて18になる数の組み合わせは……？

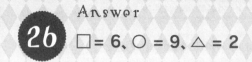

△×○ = 18になるのは、2×9、9×2、3×6、6×3の4組が考えられます。

2×9とすると、○ = 9となり、□+3 = 9なので、□ = 6。このとき△ = 2でOK。

しかし、9×2とすると○ = 2となり、□+3 = 2を満足する1〜9の数字はないのでダメ。

また、3×6とすると、○ = 6となるので、□+3 = 6で□ = 3となり、△と同じ値3になるのでダメ。

さらに、6×3も○ = 3となり、□+3 = 3を満足する□はないのでダメ。

この関係は未知数(わからない数)が□、○、△の3つあり、方程式は2つなので、普通の連立方程式では解けません。

難易度
★☆☆

Q.27 三角形の頂点の数字は？(その1)

次の図で、三角形の各辺の真ん中の

数字が、その両端の数字の和になるように、

(イ)、(ロ)、(ハ)を求めてください。

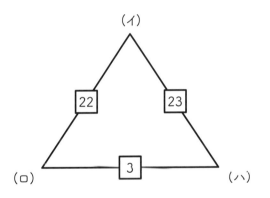

ヒント
小さい数字から始めると簡単です。

Answer 21

(イ) = 21、(ロ) = 1、(ハ) = 2

　(ロ)と(ハ)の間が3になる組み合わせは1と2。

　(イ)+(ロ) = 22と(イ)+(ハ) = 23を比べて大きい方、つまり(ハ) = 2とすると、(イ) = 21のとき、(イ)+(ハ) = 21＋2で、23ができます。

　一方、(ロ) = 1とすると、(イ)+(ロ) = 21＋1で真ん中の数字22にぴったり。

　受験数学では(イ)、(ロ)、(ハ)をx、y、zとおいて、連立方程式を使って機械的に解きます。しかし、これではあまりにも機械的で、脳トレにはあまり役に立ちそうにありません。料理でいえば、レトルト食品を電子レンジでチンをするのが方程式解法(受験数学)で、誰がやっても同じ味。一方、材料を買って手作りで作るのがパズル的解法で、個人差があります。

頭がよくなる数字のパズル

Q.28 三角形の頂点の数字は？（その2）

難易度 ★★☆

次の図で、三角形の各辺の真ん中の
数字が、その両端の数字の和になるように、
（イ）、（ロ）、（ハ）を求めてください。

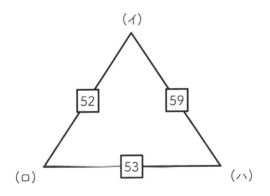

ヒント
3つとも似たような数なので、どれか1つを2で割って、
そこからスタート

28 Answer

(イ)= 29、(ロ)= 23、(ハ)= 30

52÷2 = 26なので、とりあえず、(ロ)= 26とします。
つぎに、59÷2 = 29.5 → 30、53÷2 = 26.5 → 27。
仮に(イ)= 30、(ハ)= 27とすると、

 (イ)+(ハ)= 30+27 = 57 で、2不足。
 (ロ)+(ハ)= 26+27 = 53 でぴったり。
 (イ)+(ロ)= 30+26 = 56 で、4オーバー。

そこで、(イ)+(ハ)を(+2)にするため
 (イ)= 30 → 29　(−1)
 (ハ)= 27 → 30　(+3)
 (イ)+(ハ)= (−1)+(+3)= (+2)でOK。

つぎに、(イ)+(ロ)を (−4) にするため
 (ロ)= 26 → 23　(−3)
とすると、(イ)+(ロ)= (−1)+(−3)= (−4)ができます。
これで、(イ)、(ロ)、(ハ)を29、23、30として、確認すると
 (イ)+(ロ)= 29+23 = 52　ぴったり
 (ロ)+(ハ)= 23+30 = 53　ぴったり
 (ハ)+(イ)= 30+29 = 59　ぴったり

以下の数字の中で、

3で割り切れる数はどれですか？

簡単に判別する方法がありますか？

① 4725

② 649

③ 777

④ 56733

⑤ 913

Answer 29

①、③、④

　簡単に判別する方法があります。「各桁を加えた数が3で割り切れる数」は、全体も3で割り切れます。

　たとえば、4725の各桁の和は4+7+2+5 = 18で、3で割り切れるので、全体も3で割り切れます。

　理由は

$$4725 = 4×1000+7×100+2×10+5$$
$$= 4×(999+1)+7×(99+1)+2×(9+1)+5$$
$$= 4×999+7×99+2×9+(4+7+2+5)$$

　最後尾の(4+7+2+5)が3で割り切れれば、他の項はすべて9の倍数になっているので、全体も3で割り切れます。他も同様です。

　9で割り切れる数の発見も同じ考えで、可能です。

難易度 ★☆☆

頭がよくなる数字のパズル

Q.30 **分数を分解する（その1）**

$1/2 = 1/3 + 1/6$ です。

これにならって、$1/5$ を2つの異なる

単位分数の和で表してください。

注：単位分数というのは、分子が1の分数のこと。

紀元前1800年ごろのエジプト人は

ものを分ける必要上、単位分数を

必要としたといわれています。

Q.33を参照して下さい。

30 Answer $\frac{1}{6} + \frac{1}{30}$

$\frac{1}{5}$ の分母5より1だけ大きい6を使います。

$$\frac{1}{5} - \frac{1}{6} = \frac{6}{30} - \frac{5}{30}$$
$$= \frac{1}{30}$$

したがって

$$\frac{1}{5} = \frac{1}{6} + \frac{1}{30}$$

分母より1だけ大きい数を使うのがコツです。

□、○、△に異なる数字を入れて、

つぎの式を完成させてください。

$$\frac{1}{3} = \frac{1}{\Box} + \frac{1}{\bigcirc} + \frac{1}{\triangle}$$

ヒント
左辺の分母3より1大きい数を使うのがコツです。

31

Answer

$$\frac{1}{3} = \frac{1}{5} + \frac{1}{12} + \frac{1}{20}$$

左辺の分母3より1つ大きい数4を使います。

$$\frac{1}{3} - \frac{1}{4} = \frac{1}{12}$$

$$\therefore \frac{1}{3} = \frac{1}{4} + \frac{1}{12} \quad \cdots\cdots (1)$$

もう一度、$1/4$に対して繰り返します。

$$\frac{1}{4} - \frac{1}{5} = \frac{1}{20}$$

$$\therefore \frac{1}{4} = \frac{1}{5} + \frac{1}{20} \quad \cdots\cdots (2)$$

(1)に(2)を代入して

$$\frac{1}{3} = \frac{1}{5} + \frac{1}{12} + \frac{1}{20}$$

(1)の$1/12$を分解する方法もありますが、このときは以下のように、分母が大きくなります。

$$\frac{1}{3} = \frac{1}{4} + \frac{1}{13} + \frac{1}{156}$$

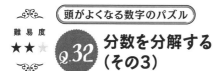

$\frac{3}{5}$を異なる3つの単位分数の和で表してください。

異なる単位分数の和で表すので、
$$\frac{3}{5} = \frac{1}{5} + \frac{1}{5} + \frac{1}{5}$$
はダメです。

ヒント
$\frac{3}{5}$の逆数より大きな直近の整数を使います。

32 Answer $\frac{1}{3} + \frac{1}{6} + \frac{1}{10}$

$\frac{3}{5}$ の逆数 $\frac{5}{3} = 1.66\cdots\cdots < 2$ なので、直近の整数 2を分母に使って

$$\frac{3}{5} - \frac{1}{2} = \frac{1}{10}$$

$$\therefore \frac{3}{5} = \frac{1}{2} + \frac{1}{10} \quad \cdots\cdots (1)$$

これで2つに分解できました。もう一息です。

$\frac{1}{2}$ をさらに単位分数の和に分解します。

$$\frac{1}{2} - \frac{1}{3} = \frac{1}{6}$$

$$\therefore \frac{1}{2} = \frac{1}{3} + \frac{1}{6} \quad \cdots\cdots (2)$$

(1)に(2)を代入して

$$\frac{3}{5} = \frac{1}{3} + \frac{1}{6} + \frac{1}{10}$$

こうした式の応用がQ.33『パンを均等に分ける』です。

頭がよくなる数字のパズル

難易度 ★★★

Q.33 パンを均等に分ける

7個のパンを8人で均等に分けるには、

何回切ればよいですか。

切る回数を出来るだけ少なくする方法を

考えてください。

ただし、パンを重ねて切ることは

許されません。

Answer 33
12回

Q.32にならって、$\frac{7}{8}$を単位分数に分解すると

$$\frac{7}{8} = \frac{1}{2} + \frac{1}{4} + \frac{1}{8}$$

となります。そこで

① 7つのうち、4つを2等分($\frac{1}{2}$の解釈)すると8人分ができます。

(切る回数4回)

② 残る3つのうち、2つを4等分($\frac{1}{4}$の解釈)すると8人分ができます。

(切る回数4回)

③ 最後の1つを8等分($\frac{1}{8}$の解釈)する。

(切る回数4回)

切る回数の合計は12回となります。

ちなみに7個全部を8等分すると、切る回数は4回×7 = 28回になってしまいます。

Q.34 連続する数の合計

2020年は東京オリンピックの年です。

そこで、2020を連続する

5つの整数の和で表してください。

たとえば、6を

3つの連続する整数の和で表すと

1＋2＋3となります。

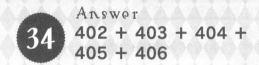

2020を(5個にするので)5で割ると、商は404です。
そこで、404を真ん中に置いて連続する5つの整数を書くと
　　　402　403　404　405　406
となり、
　　　402＋403＋404＋405＋406 = 2020
です。

類題:「1989を6つの整数の和で表しなさい」
　　　(1989年、麻布中入試)

ヒント
端数を切り捨てて、上と同じ考え方で求まります。

難易度 ★★

Q.35 正方形を作る

下図の長方形と面積が等しい正方形を作図して下さい。

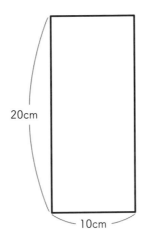

35 長方形を半分にして、対角線をひき、それを一辺とする正方形を作ればよい

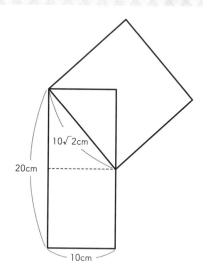

斜辺の長さは、中学校で学ぶ三平方の定理(ピタゴラスの定理)から

斜辺^2=10^2+10^{2}より、斜辺=10$\sqrt{2}$。

したがって10$\sqrt{2}$を一辺とする正方形の面積は、10$\sqrt{2}$×10$\sqrt{2}$ = 200cm^2。

Q.36 残った数字は?

9つの数字が書かれたカードから、

A、Bがそれぞれ4枚ずつ取ったら、

2人のカードの和が同じになりました。

和はいくつですか?

残った1枚のカードの数はいくつですか?

Answer 36
和 205
残ったカード 76

各数字の間の差を考えると

14、24、34、44、53、66、76、81、94

差……10　10　10　9　13　10　5　13

上の中で「差が同じもの」で、小(A)と大(B)、大(A)と小(B)の組合せを作ればよい。

	A		B	A−B
	14	<	24	−10
	44	>	34	+10
	53	<	66	−13
	94	>	81	+13
合計	205	=	205	0

したがって、残ったカードは76。

Q.31 数探し

難易度 ★★

A、B、Cは1桁の正の整数です。

下記の表の？に当てはまる数字は

いくつになりますか？

			合計
A	B	C	15
C	B		
C	A		
合計 12	?		

Answer 37

18

　横方向の和が15で、縦方向の和が12です。横方向のBがCに変化したのが縦方向の12です。つまり、B→Cで、15→12なので、BはCより3だけ大きいことがわかります。すなわち、B＝C＋3です。そこで、？の列のB＋B＋Aの真ん中のBをC＋3で置き換えます(数学では、横方向を行、縦方向を列と言います)。

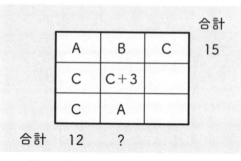

？＝B＋(C＋3)＋A になるので、

$$B+(C+3)+A = A+B+C+3$$
$$= (A+B+C)+3$$
$$= 15+3 \text{(表の1行目の15を使う)}$$
$$= 18$$

とわかります。連立方程式を使っても解けますが…。

難易度 ★★☆

Q.38 小数第百位の数は?

7/13を小数で表した時、

小数第百位の数は

いくつになりますか。

38 Answer

7

なぜなら、$\frac{7}{13}$ = 0.3170731707……なので小数点以下31707の5桁が繰り返しになります。

したがって、小数第100位は小数以下の繰り返しが20回目なので、最後の数字の7が小数第100位の数になります。

類題:「$\frac{12}{37}$ の小数点以下第1000位の数は何か」

（2003 四天王寺中学入試）

難易度
★★☆

Q.39 小数第99位の数は？

11÷37の小数点表現で、

小数第99位の数は

いくつになりますか？

Answer 39

7

11÷37 = 0.297297…

小数点以下は297の繰り返しなので、3桁目、6桁目、9桁目と3桁おきに数字7が出ます。

小数第99位÷3桁 = 33、したがって、99位は33回目の7になります。

Q.40 どっちの数が大きい？

2^{30}と3^{20}は、

どっちが大きいですか？

　2^{30}は2を30回かけること、3^{20}は3を20回かけること。これらの計算はいずれも大変！そこで、以下のように工夫します。

$2^{30} = 2×2×2×2× \cdots ×2$（30回）
　　　$= (2×2×2)×(2×2×2)× \cdots ×(2×2×2)$
　　　$= 2^3×2^3× \cdots ×2^3$（10回）
　　　$= 8×8×8× \cdots ×8$（10回）
　　　$= 8^{10}$

$3^{20} = 3×3×3× \cdots ×3$（20回）
　　　$= (3×3)×(3×3)× \cdots ×(3×3)$
　　　$= 3^2×3^2× \cdots ×3^2$（10回）
　　　$= 9×9× \cdots ×9$（10回）
　　　$= 9^{10}$

　2^{30}と3^{20}の比較は、（上の計算から）8^{10}と9^{10}の比較と同じことになるので、計算しなくてもわかります。

　　　$8^{10} < 9^{10}$　なので　$2^{30} < 3^{20}$

Q.41 2人兄弟と3人姉妹

難易度 ★★☆

25個のお菓子があります。

これを2人兄弟には2の倍数、

3人姉妹には

3の倍数で分けるには、

何通りの分け方がありますか？

たとえば25個を、2人兄弟には22個、

3人姉妹には3個という1つの

分け方があります。

Answer

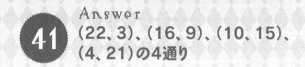

考え方 I

兄弟と姉妹合わせると5人。25÷5 = 5なので

兄弟 ── (5、5)

姉妹 ── (5、5、5)

	2人兄弟	3人姉妹
①	10	15

兄弟に2の倍数、姉妹に3の倍数になるように分けるのだから、2×3 = 6なので、2と3の最小公倍数6を①に加減していくと

	2人兄弟	3人姉妹
②	4	21
③	16	9
④	22	3

合計4通り。

考え方 Ⅱ

2の倍数は偶数のみ、3の倍数は（3、6、9のように）奇数、偶数の繰り返し。

25は奇数なので、偶数（兄弟分）に奇数（姉妹分）を足して奇数（25）になるのは奇数のみ。25以下の3の倍数の奇数は3、9、15、21のみ。

したがって、25になる組み合わせは以下の4組のみ。

(22、3)、(16、9)、(10、15)、(4、21)

数学（方程式）が好きな人は、兄弟分をx個、姉妹分をy個として、$2x + 3y = 25$として、x、yが整数に限られることを利用して考えるかも……。

難易度 ★★☆

Q.42 カードに書かれてる数を見破れ！

6枚のカードが裏返しに置いてあります。カードには1から9までの数字が1つ書かれています。

わかっているのは、左右2つのカードの和と、右の数が左の数より大きいことです。6枚のカードの数字を当ててください。同じ数が2カ所以上で使われることはありません。

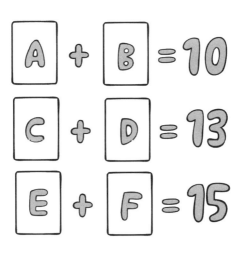

Answer 42　A3　B7　C5　D8　E6　F9

① 足して10になる組み合わせは
　　　(1、9)、(2、8)、(3、7)、(4、6)

② 足して13になる組み合わせは
　　　(4、9)、(5、8)、(6、7)

③ 足して15になる組み合わせは
　　　(6、9)、(7、8)

　組み合わせの種類の少ない③から考えます。

　(6、9)を選ぶと、②では(5、8)しか選べません。さらに、既に使われている6、9、5、8を除くと、①では(3、7)に限定されます。

　もし、③で(7、8)を選ぶと、②では(4、9)に限定され、①では可能な組み合わせがありません。結局、最初の1組①(3、7)、②(5、8)、③(6、9)のみ。

頭がよくなる数字のパズル

難易度 ★★★

Q.43 大きな数のかけ算を瞬時に計算する方法（その1）

以下の計算の答えが

正しいか否かを、

すばやく判断できますか？

3467×697 = 2416499

Answer 43

できます

① 3467について。3+6は9になるので3、6を除去。残りの4、7を加えると、4+7 =11で、9より大きくなったので、さらに11の各桁を加算すると、1+1 = 2。

② 697について。9を除去 → 6+7 = 13 → 1+3 = 4。

③ 3467×697の代わりに、①、②の余りのかけ算2×4 = 8の8と、元のかけ算の答え2416499を上記①、②と同じ方法で求めた数が一致すれば、計算は正しい。

④ 2416499について。2+1+6 = 9なので、2、1、6を除去。さらに、9が2つあるので、99も除去。4が2つ残るので、4+4 = 8となり、この8は①×②の8と一致するので、「計算は正しい」と判断する。

3467×697 = 2416499の「検算の要点」をまとめると

3467 → 47 → 4+7 = 11 → 1+1 = 2 ……(a)
697 → 67 → 6+7 = 13 → 1+3 = 4 ……(b)
2416499 → 44 → 4+4 = 8 …………(c)

（a）×（b）= 2×4 = 8 =（c）

ゆえに、計算は正しい。

このチェック方法は江戸時代に和算で使われていたもので、9を取り除くので「九去法」と呼ばれています。3世紀のローマ、12世紀のインドでも九去法が使われていたようです。

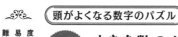

大きな数のかけ算を瞬時に計算する方法（その2）

Q.43の続きです。

もし、計算を誤って

3467×697 = 2416399

としたら、答えの間違いを

同じ方法で発見できますか？

ヒント
2416399は、2416499の上から3桁目の
4が3に化けたもの

Answer 44 できます

前問に続き、答え(右辺)を九去法でチェックすると
2416399 → 2+4+1 = 7となります。

左辺 = (a)×(b) = 8、右辺 = 7で、左辺≠右辺なので、「間違い」と判定できます。2、1、6を除去し、4+3でも可。

この方法の欠点

正しい答え2416499の上位の4と隣りの1を入れ替えて2146499としてしまっても、右辺の余りは8となってしまい、一見「正しい」と誤った判断をしてしまいます。

つまり、九去法では『「間違い」という確定はできますが、「正しい」という確定はできない』ことになります。

Q.45 兄弟の年齢

難易度 ★★☆

頭がよくなる数字のパズル

 五人兄弟の年を合計すると126歳になります。次男は長男より5歳若く、三男は次男より4歳若い。四男は、三男より2歳若く、五男は、四男より3歳若い。

 五人の年齢はいくつですか？方程式を使わずに考えてください。

Answer 45
19、22、24、28、33

とりあえず、五男を0歳とすると、条件から順に

  0 3 5 9 14

になります。この合計は31歳です。実際は126歳になるというので、その差95歳を兄弟の数5で割ると、95÷5 = 19になるので、それぞれに19を加えると

 19 22 24 28 33

が、兄弟の年齢になります。

長男の年を x とすると、次男は $x-5$ 歳になります。以下同様にして、x だけの式ができるので、それら全部を加えて126としても解くことができますが、これでは機械的すぎる解き方で、頭のトレーニングにはどうも……？

Q.46 不思議な数列

以下の数字は、

ある規則で並んでいます。

□の中はいくつになりますか？

1、1、2、3、5、8、□、21、……

Answer 46

13

左から3番目の数字2以降は、前2つの数字の和になっています。

1、1、2、3、5、8、□、21、……

たとえば、

2 = 1+1
3 = 1+2
5 = 2+3　以下同様
□ = 5+8 = 13

こうした数列はフィボナッチ数列と言って、数学の世界ではよく知られており、花弁の枚数の並び、ひまわりの種の並びなど、自然界によく見られる数列です。イタリアの数学者フィボナッチ(1170頃−1240頃)による発見です。フィボナッチはイタリアのピサで生まれたが、父親のあだ名がボナッチオ(Bonaccio、「単純」という意味)だった。彼はその息子だというので、「Bonaccioの息子(filius Bonacci)」という意味のFibonacciと呼ばれていた。本名はレオナルド・ダ・ピサ。

Q.41 箱の数は?

難易度 ★★★

りんごが10個入った箱と

6個入った箱がいくつかあります。

りんごが合計で38個あるとき、

箱は合わせていくつありますか？

（2004年、国際数学オリンピック問題）

Answer 41
10個入り2箱、6個入り3箱

　10個入りと6個入りで合計38個というと、一の位が8なので、10から8は作れませんが、6なら6×3、6×8でそれぞれ18、48が作れます。しかし、48は38個を超えるので不適。すると、18個のみ（6個入り3箱）。残り20個は10個入り2箱でつくれます。したがって、答えは10個入り2箱、6個入り3箱です。

　受験数学では10個入りをx箱、6個入りをy箱として

$$10x + 6y = 38$$

と、ここまではいきますが、ここで行き詰まるので、x、yが正整数という条件をうまく使うしかありません。

　「解き方が決まっていれば、それは数学ではない」といった数学者（京都大学名誉教授）がいますが、これは名言です。
　上の問題も国際数学オリンピックだけあって、決まりきった連立方程式では解けません。

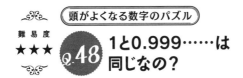

Q.48 1と0.999……は同じなの?

次の式は正しいですか?

$$1 = 0.99999\cdots\cdots$$

(注)この問題は前巻『この問題、とけますか?』(Q.36)でも取り上げましたが、簡単な説明が見つかったので再掲します。

この問題の結果は使い道が多くあります。本書のQ.58もその一例です。

Answer 48 分数と小数の関係を利用する

$$\frac{1}{9} = 0.111\cdots\cdots$$

両辺を9倍すると

$$1 = 0.999\cdots\cdots$$

また、$\frac{1}{3}$の両辺を3倍しても、$1 = 0.999\cdots\cdots$を示せます。

$1 = 0.999\cdots\cdots$の関係は「今日の終わりの時刻と、明日の始まりの時刻」を議論するときにも役に立ちます。
(『この問題、とけますか？』Q.37参照)

また、本書Q.58も参照してください。

難易度 ★★★ Q.49 虫食い算(その3)

以下の□を、

1〜9の数字で埋めてください。

49 Answer
74×9 = 666

　一の位に注目します。かけて6になる数字は、1×6、2×3、6×6、4×9などがありますが、答えが3桁になるには、一の位のかけ算の際、繰り上がりをしなければいけません。

　したがって、3つの組み合わせから1×6、2×3は除外されます。残る組み合わせで試算すると、4×9に限定されます。上位の桁も同様の考えで、決まってきます。

Q.50 覆面算(その1)

次のA、B、Cに当てはまる

数字(1〜9)を探してください。

```
  A B C
    A B
+     A
-------
  5 2 2
```

(算数オリンピック トライアル問題)

50 Answer

A = 4、B = 7、C = 1

答えの百の位が5なので、1段目先頭のAは、4か5です。

しかし、A = 5のときは、十の位の計算B＋Aで繰り上がりをせずに2を作るには、B＝A＝1以外不可能です。となると、Aは4に限定されます。

A = 4のときは、最上位が5になるためには、下位、つまり十の位（B＋A）の計算から1だけ繰り上がりが必要になります。A = 4のとき、B＋AはB＋4になるので、十の位の答え2を作るためには、Bは7以上に限定されます。

① B = 7のとき、B＋Aは7＋4となるので、一の位の計算 C＋B＋A、つまりC＋7＋4 ＝ C＋11が繰り上がりして、かつ一の位の答えが2になるためには、Cは1に限定されます。すると、C＋11 ＝ 1＋11＝12となり、一の位の答えが2になり、かつ繰り上がりが生じ、十の位の答えも2になります。

② B = 8、9のときはうまくいかないことを、読者の皆さんは脳トレのつもりで、ご自分の手で確かめてください。それほどやっかいではありません。十分な脳トレになります。

A = 4、B = 7、C = 1で確かめると

```
   4 7 1
     4 7
+      4
-------
   5 2 2
```

このようにぴったり当てはまります。

別な考え方として、3桁の数字ABCは
　　　　$100 \times A + 10 \times B + C$ ………(1)
と、分解できます。他の2つも同様に考えると
　　　　$10 \times A + B$ ……………(2)
　　　　A ……………………(3)
(1)+(2)+(3) = 522だから
　　　　$111A + 11B + C = 522$

Answer

Aは

　　522÷111＝ 4（余り78）　ゆえにA＝4

次に、Bは

　　78÷11＝ 7（余り1）　ゆえにB＝7、C＝1

　最初の考え方はひらめき的（パズル的）で、後の解き方は定型的（数学的）です。

難易度 ★★★

Q.51 覆面算（その2）

1〜9の数字を使って、

A、B、Cを埋めなさい。

ただし、同じ英字には同じ数字が入り、

異なる英字には

異なる数字が入ります。

```
  A B C
+ C B C
-------
  B A B
```

Answer 51

A = 2、B = 6、C = 3

① C + C = B → 2C = Bなので、Bは偶数。

② 同様に、B + B = Aなので、Aも偶数。

③ BもAも、2、4、6、8のいずれか。

④ B = 2とすると、一の位の計算C + C = BからC = 1、さらに十の位の計算B + B = Aから、A = 4に決まります。百の位の計算A + C = Bより、4 + 1 = Bとなって最初のB = 2と矛盾します。

⑤ 以下、上と同じ考え方で、B = 4、6、8の場合を検討すると、B = 6の場合のみ、矛盾が生じません。この確認もまた脳トレのつもりで、挑戦してみてください。

Q.52 虫食い算(その4)

次の□をつじつまが合うように、

0〜9の数字で

埋めてください。

```
      □ □ □    …… ①
  ×     8 □    …… ②
    □ □ □ □    …… ③
    □ □ □      …… ④
    □ □ □ □    …… ⑤
```

Answer 52 次のようになります

　④が3桁なので、①の最上位は1に限定されます。すると、④の最上位は8になります（1×8から）。

　次に、自動的に③の最上位は1に決まります（2では桁上がりする）。したがって、⑤の最上位は1+8で、9になります。

　④が3桁になることを考えると、①の十の位は1に限定されます。2だと2×8から、④の百の位で繰り上がりが生じ、⑤が5桁になってしまうからです。この段階での式は、以下のようになります。

```
            1 1 □   …… ①
    ×         8 □   …… ②
    ─────────────
          1 □ □ □   …… ③
        8 □ □       …… ④
    ─────────────
        9 □ □ □     …… ⑤
```

このとき、③の百の位と ④の百の位の加算で繰り上がりすると、⑤が5桁になってしまうので、繰り上がりしないためには、①の一の位は2に限定されます。さらに、③が4桁になるには、②の一の位が9でなければなりません。

　こうして、すべて決まります。

```
      1 1 2    …… ①
  ×     8 9    …… ②
  ─────────
    1 0 0 8    …… ③
    8 9 6      …… ④
  ─────────
    9 9 6 8    …… ⑤
```

Beat Your Brains out

第4部

常識を疑え

世間でよく見たり、耳にしたりする出来事は、慣れから当たり前すぎて深く考えずに通り過ぎてしまうものが多くあります。

　たとえば、「マイナス×マイナス ＝ プラス」は常識として憶えさせられ、「自動車のロゴ」は街でよく見かけます。また、会話の中で「三段論法」などはよく出てきます。

　ここでは、日常生活の中で見かけるものを取り扱っています。

常識を疑え

難易度
★☆☆

Q.53 街灯は誰が点ける？

街灯や公園の明かりは、

暗くなると自動で点き、朝明るくなると

消える。

しかし、考えてみるとおかしな話です。

暗くなって点くと、周囲は明るくなるので、

（朝が来たと同じ状況だから）

自動で消えるはずなのに、消えません。

なぜでしょう？

Answer

Answer 53
太陽光と電灯の明るさの差や、光センサーの向きを利用する

　これはパズルというより、科学の話。光センサーが感知する光の量の違いを利用します。

　つまり、朝の明るさと電灯がついた時の明るさでは、明るさの程度(光の量)の違いを利用しています。さらに、光センサーの向きを、点灯した光の方向とは異なる向きにしています。これは、点灯した電灯の明るさを感知しにくくするためです。スイッチのオン、オフにはバイメタル(反り返る温度が異なる2枚の金属を張り合わせたもの)や、CdS(硫化カドミウム)が使われています。

難易度 ★☆☆

常識を疑え

Q.54 三段論法はいつも正しい？

① 1 < 2、2 < 3　ゆえに　1 < 3。
② 北海道は福島より北にある、福島は東京より北にある。ゆえに、北海道は東京より北にある。

このように、三段論法は日常よく使われています。
三段論法は常に成り立ちますか？

Answer
54 ジャンケンの場合、成り立ちません

　ジャンケンでは、「パーはグーより強い、グーはチョキより強い」。しかし、「ゆえに、パーはチョキより強い」とはなりません。

　結論を出す方法には、大きく「帰納法」と「演繹法」があります。
　「帰納法」は実際の現象の観察から結論を導き出すもので、たとえば「Aさんが死んだ、Bさんも死んだ。（結論として）私もいつかは死ぬだろう」というものや、「Aさんは合格した、Bさんも合格した。（結論として）私も合格するだろう」というもので、前者の例は正しい結論ですが、後者の結論は必ずしも正しいとは言えません。
　「演繹法」は前提（仮説）から、結論を導くものです。たとえば、「人間は死ぬものである」「私は人間である」、ゆえに「私はいつかは死ぬだろう」というものです。しかし、演繹法も「じゃんけん」の例（三段論法）のように必ずしも正しい結論が導き出せるとは限りません。

常識を疑え

難易度 ★☆☆

Q.55 12時を打つのに何秒かかる?

柱時計が6時を打つのに

5秒かかりました。

12時を打つのに何秒かかりますか?

Answer 55
11秒

　10秒ではありません。6時を打つのに5秒かかったということは、鐘と鐘の間隔が1秒だということです。6回打つのには間隔が5つあるので、1間隔あたり1秒。12時は間隔が11個あるので11秒。

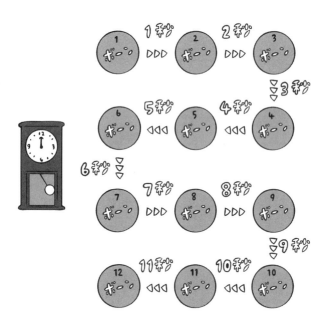

常識を疑え

難易度 ★☆☆

Q.56 板チョコを割る回数

横3列、縦6列に区分けした

チョコレートがあります。

これを切れ目ごとに割っていきます。

すべて割り切って18個にするのに、

何回割ればよいですか？

ヒント
最初の1回の割る作業で、チョコレートは2枚になります。
『この問題、とけますか？』Q.22の応用です。

Answer 56
17回

　1回割るごとに1個増えるので、18個にするには17回割ればよい。

　板チョコは金型に液体のチョコレートを流して固めるため、ミゾをつけることで表面積が増え、早く均一に固めることができます。また、型から出しやすくするためでもあるようです。いずれにせよ、ミゾは製造過程から生まれたアイデアのようです。

常識を疑え

Q.57 一辺の個数は？

碁石を正方形に並べたら、

一周で20個ありました。

一辺は何個ですか？

Answer
51　6個

ちょっと考えると、四辺で20個なので
　　20÷4 = 5
と考え、一辺が5個のような気がします。しかし、図に書いてみると四隅を考慮しなければならないことに気がつきます。

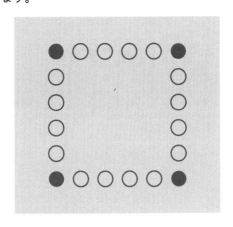

つまり、一辺は6個になります。

Q.58 割り算を一番最後に計算する理由

難易度 ★★☆

常識を疑え

加減乗除の混合計算では、

割り算は最後にやるのが

良いといわれるのは、

なぜですか？

Answer 58 誤差が生じにくい

$1/3 + 2/3$ の場合で考えてみます。

① 割り算を先にやると
$$\frac{1}{3} + \frac{2}{3} = 0.333\cdots\cdots + 0.666\cdots\cdots = 0.999\cdots\cdots$$

② 割り算を後でやると
$$\frac{1}{3} + \frac{2}{3} = \frac{3}{3} = 1$$

　加減乗除の混合計算では、乗除算は加減算より優先されることになっていますが、上のような場合があるので要注意です。結果が同じになることは、「1と0.999……は同じなの？」(Q.48)と考え合わせると納得できます。

Q.59 マイナスにマイナスをかけると……

常識を疑え

難易度 ★★☆

学校で

「マイナス×マイナスは

プラス」と機械的に

暗記させられますが、

なぜプラスになるのでしょうか?

Answer

59 Answer
いろいろな説明方法があります。以下はその一例です。

① $(-3)×(+3) = -9$
　　↓
② $(-3)×(+2) = -6$
　　↓
③ $(-3)×(+1) = -3$
　　↓
④ $(-3)×0 = 0$
　　↓
⑤ $(-3)×(-1) = +3$
　　↓
⑥ $(-3)×(-2) = +6$

①から⑥に向かって、順次3ずつ増えていき、④から⑤になるところで、プラスに変わっています。⑤がマイナス×マイナスの計算です。

フランスの文豪スタンダールは自叙伝で「1万フランの借金に、500フランの借金をかけたら、どうして500万フランの財産になるのだ」と言っているそうですが…。スタンダールは×と＋を取り違えているようです。文豪も数学は苦手だった？

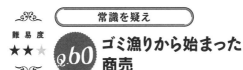

常識を疑え
Q.60 ゴミ漁りから始まった商売

難易度 ★★☆

むかし、各家庭の家の前に大きな木製の

ゴミ箱が用意されていました。

戦後、間もない頃、子供や乞食の間で、

ゴミ箱漁りが横行しました。

ある少年はゴミ箱漁りから、

あるヒントをつかみ、商売を始めました。

どんな商売が成り立ちそうですか？

Answer 60
その家庭の食べ物の嗜好がわかるから、店を持たなくても食べ物の個別販売ができる

　戦後間もないころ、金もなく、食べ物もなく、親もいない子供がたくさんいました。彼らは、その日の食事をゴミの中の残飯をあさって生きているうちに、家庭ごとに食べ物に偏りがあることに気がつきました。

　小銭をためたひとりの少年は、農家や漁師を廻り、野菜や肉、魚を安く仕入れ、店よりも安い価格で、あらかじめ見当をつけておいた金持ちの家に個別で売り歩きました。

　少年はゴミ漁りをしていたころ、どの家が肉を必要とし、どの家が野菜や魚を必要としているか、知っていたからです。

　これは実際にあった話で、少年はその後、起業し、いまではその市で大手の企業の会長です。「ゴミ箱はモノを捨てるところだが、私にとっては金儲けのタネが拾える場所でした」というのが、後年の彼の口癖でした。

難易度
★☆☆

常識を疑え

Q.61 腕のいい祈祷師

ある祈祷師は、合格祈願で有名でした。

「不合格の時は、祈祷料全額お返しします」というのが、評判になりました。祈祷料は1校当たり5万円です。複数の大学や、複数の学部を受けたときは、1校、1学部あたり5万円です。3校受けて、2校が不合格になれば、15万のうち、10万円が返却されます。

親は将来のことを考え、浪人を避けたいので祈祷師に頼みます。不合格なら戻ってくるのですから、掛け捨てにはなりません。

こんなことで、祈祷師は商売になるのでしょうか？

61 採算は取れます

　受験生は全く見込みのないところは、受験料が無駄になるので、受けません。いま、A君が合格率40%、60%、80%の3校を受けたとします。3校全部に落ちる確率は

$$(1-0.4)\times(1-0.6)\times(1-0.8)=0.048$$

です。

　つまり、3校全部に落ちる確率はわずか4.8%です。95%の確率で、どこかには引っかかります。つまり、5万円はほぼ確実に祈祷師の懐に入ります。うまくすれば、15万円が入ります。依頼者が10人、30学部あれば、祈祷師の笑いは止まりません。

類題：「A、Bの2人が試験に合格する確率がそれぞれ0.6、0.3であるとき、2人のうちどちらか1人が合格する確率はいくらか？」(北海道薬科大学入試)

答えは0.54 = 54%

Q.62 割り切れない遺産の相続

相続でもめるのはよく聞く話。

ある酪農家が牛17頭を残して、

亡くなりました。遺言には長男に$\frac{1}{2}$、

次男に$\frac{1}{3}$、三男に$\frac{1}{9}$を

分配するようにとありました。

ところが、17頭では

うまく割り切れません。

あなたなら、どうしますか？

Answer 62 隣から1頭借りてくる

隣から1頭借りてきて、18頭にして、長男には$18 \times \frac{1}{2} = 9$頭、次男には$18 \times \frac{1}{3} = 6$頭、三男には$18 \times \frac{1}{9} = 2$頭と分けた。3人の合計は$9+6+2 = 17$頭になるので、余った1頭は隣に返した。

なぜ、こんなおかしなことが起きるのか。遺言を検証すると

$$\frac{1}{2} + \frac{1}{3} + \frac{1}{9} = \frac{17}{18}$$

合計が1になりません。亡くなったお父さんの勘違いかどうかわかりませんが、これが原因です。本来なら、長男$17 \times \frac{1}{2} = 8.5$頭、次男$17 \times \frac{1}{3} = 5.666\cdots\cdots$頭、三男$17 \times \frac{1}{9} = 1.888\cdots\cdots$頭ですが、切り上げて9頭、6頭、2頭でちょうど17頭になったわけで、3人はそれぞれ少しずつ(0.5、約0.4、約0.2)多めに相続したことになります。

古典的な問題で、東西のパズル本で扱われていて、バリエーションもいろいろあります。

難易度
★☆☆

常識を疑え

Q.63 美しい形の法則（黄金比）

あなたの身近にある

長方形の縦横の長さを

測ってみてください。

たとえば、名刺の縦横、

たばこの縦横、スマホの縦横の長さを

測って、その比（長い方÷短い方）を

比べてください。

どうなっていますか？

Answer 63
約1：1.6（約5：8）

　たとえば、名刺は横55mm、縦91mmなので、55：91≒1：1.65、新書本は横110mm、縦178mmなので、1：1.61。こうした1：1.6の割合を黄金比（golden ratio）と言い、ミロのヴィーナス、ダビデ像なども黄金比になっていると言われています。黄金比はすでに古代ギリシャの彫刻で使われていたとも言われているので、後世の芸術家がそれを意識していた可能性は否定できません。

黄金比とフィボナッチ数列の不思議な関係

　Q.46で、次のようなフィボナッチ数列というのをやりました。

　　1、1、2、3、5、8、13、21、34……

　この数列において、後項÷前項を求めると、不思議なことに次第に黄金比の値に近づいていきます。

　1÷1 = 1
　2÷1 = 2
　3÷2 = 1.5
　5÷3 = 1.666……

8÷5 = 1.6

13÷8 = 1.625

21÷13 = 1.615……

34÷21 = 1.619…… （限りなく黄金比に接近）

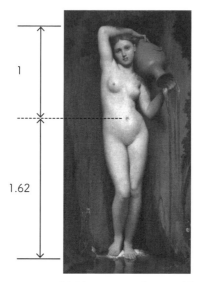

『泉』(ドミニク・アングル、1856年)

　「泉」は19世紀のドミニク・アングルの作品ですが、見事に黄金比1:1.62になっています。黄金比の正確な値は1:1.6180…で、約5:8の比率です。ミロのヴィーナス(紀元前130年－紀元前100年)やピタゴラス学派のシンボル・マーク五芒星形にも黄金比が使われているので、発見は相当古いようですが、用語として文献にあらわるのは1835年の『初等純粋数学』(ドイツ)が最初のようです。

Q.64 美しい形の法則 (白銀比)

常識を疑え

難易度 ★☆☆

A4判の用紙や文庫本の

縦横の長さの比を求めて、

黄金比になっているかどうか

調べてください。

黄金比になっていましたか？

Answer 64 黄金比にはなっていません

　A4用紙は210mm×297mmで、その比は1：1.414……で、一般的に用紙の大きさなどは、1：1.4になっています。本書のような文庫は105mm×148mmで、これも1：1.409……です。黄金比（1：1.161）になっていません。

　コピー機の倍率を考えてみます。A4用紙のサイズは210×297㎜で、A5は148×210㎜です。それぞれの縦、横の比を求めると、210÷148≒1.41、297÷210≒1.41なので、コンビニなどのコピー機の拡大では、A5→A4の拡大は141％に設定されています。これは白銀比です。B判でも同様です。ただし、A判とB判の間では141％ではなく、たとえばA5→B5、A4→B4では122％です。

　A判はドイツから輸入された国際規格で、基本となるA0判のサイズは841mm×1189mmで、841：1189 = 1：1.413…の白銀比です。一方、B判は純粋な日本生まれで、基本となるB0判のサイズは1030mm×1456mmで、これもまた1030：1456 = 1：1.413……の白銀比です。日本の官公庁の正式な書類は長い間、B判でした。A判にしろB判にしろ、用紙は白銀比で統一されています。

じつは白銀比には1:1+√2と、1:√2の2種類がありますが、後者をとくに大和比と言います。

√2=1.1414…なので、1:1.1414……は、約5:7です。

黄金比が欧米人に好まれるのに対して、白銀比（大和比）は日本人に好まれていると言われています。日本人が好きな正方形の一辺の長さと、対角線の長さの比は1:√2ですが、これは白銀比です。

日本の国旗は縦：横の比は2:3、つまり1:1.5で、日の丸の直径は、国旗の縦の長さの3/5、つまり縦：直径＝3:5(=1:1.67)と規定されています。これはおそらく奇数が好きな日本人の性格と関係があると思われます。国旗全体が白銀比（大和比）に近いのに対して、日の丸の直径と縦の比が黄金比に近いのは、面白い現象です。

好奇心の強い人へ

白銀比になる長方形の書き方を以下に示します。1辺1の正方形の対角線から半径が√2の円を書きます。正方形の底辺を延長し、円との交点までの線で長方形

Answer

を作ると、長方形の縦横は白銀比になります。

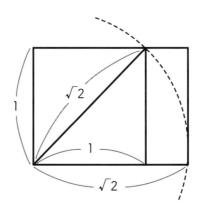

途中は省略しますが、方程式$x^2-x-1=0$の正の解$\frac{1+\sqrt{5}}{2}$が黄金比の正確な値で、方程式$x^2-2x-1=0$の正の解$\sqrt{2}$が、白銀比の正確な値です。

一方、黄金比は正方形の底辺の中点から、対角線を半径$\frac{\sqrt{5}}{2}$として、上の白銀比と同じ要領で円を書いて長方形を求めると、1:1.618が得られます。

常識を疑え

難易度
★☆☆

Q.65 一筆書きできる？
（その1）

○や△は一筆書きができます。

つまり、同じ線を2度以上通らずに

書けるということです。

直線も一筆書きができます。

次の図形で一筆書きができるものは

どれですか？

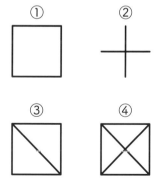

Answer

65 ①、③

結論から言うと、一筆書きの可能なものには2種類あります。

(イ)始点＝終点。書き始め(始点)に、最後(終点)が戻ってこれるもの。例：①や円など。

(ロ)始点≠終点。書き始めに戻ってこれないもの。
　　例：③や直線など。

（イ）、（ロ）いずれかに当てはまるか否かは、以下の基準で分かります。

Ⅰ すべての頂点の次数が偶数。始点＝終点。
　次数とは、頂点に出入りする線(辺)の数のこと。

Ⅱ 2つの頂点の次数が奇数で、他の頂点の次数がすべて偶数。
　始点≠終点。

このいずれかの基準に当てはまれば、一筆書きが可能です。当てはまらなければ、不可能です。

この場合は、頂点が2つしかない特殊な場合です。A→Bと書いたとき、点Aから出る線が1本、点Bに入る線が1本で、2点いずれも次数が奇数なので、基準Ⅱに当てはまります。この場合は、始点と終点が一致しません(始点≠終点)。つまり、出発点に戻れません。

　では、問題を順に考えてみます。
　①は、たとえばA → B → C → D → Aの順で、一筆書きが出来ます。

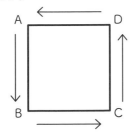

　このとき、4点A、B、C、Dの次数がすべて偶数(2本)なので、基準Ⅰの場合に適合しています。この書き順ではAが始点で、かつ終点です(始点=終点)。それ以外の点は、通過点なので、入った線は出ていかなければならないので、次数(線の数)は偶数になります。
　もちろん、点A以外から始めても一筆書きはできます。上の基準は2つとも、ちょっと考えると直感で

分かります。

　次に、②を考えます。中央の交点以外の4つすべての頂点の次数が奇数(1本)で、基準Ⅰ、Ⅱのいずれにも合わないので一筆書きはできません。実際やってみても、不可能なことがわかります。

　次に、③を考えます。この場合は、すべての頂点のうち、2つの頂点の次数が奇数(3本)で、他はすべて偶数(2本)なので、基準Ⅱに当てはまるので一筆書きができます。たとえばA→B→C→D→A→Cの順で、一筆書きが可能です。

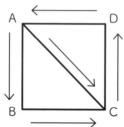

　最後の④の場合は、③にもう1本辺が加わるので、できないことがわかります。基準で確認してみると、4つの頂点の次数が奇数で、真ん中の交点の次数が偶数なので、基準Ⅰ、Ⅱいずれにも当てはまりません。実際にやってみてもできません。

常識を疑え

難易度
★☆☆

Q.66 一筆書きできる？
(その2)

以下の図は自動車のマークです。

この中で、一筆書きができるもの、

できないものを判定してください。

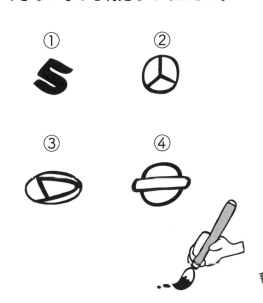

①は一目瞭然、直線が変形したものなので、一筆書きが可能です。いま、(次数が偶数の頂点の個数,次数が奇数の頂点の個数)で表すことにすると、①の場合は2つの頂点がすべて奇数なので(0, 2)と表わされ、この場合は規則Ⅱに当てはまるので、一筆書きが可能。

②は4つの頂点の次数がすべて奇数なので、上の表記法に従うと(0, 4)で表され、一筆書きは不可能。(奇数が2を超えているので、規則Ⅱにより不可能とわかる)。

③は円とのDとの接点が3カ所あり、Dの文字内(下部)で交点が1カ所。合計4カ所の頂点のうち、2カ所の頂点の次数が奇数で、他の2カ所の次数が偶数なので、上の表記法に従うと(2, 2)で表され、規則Ⅱにより可能。

④は円と長円(楕円)が4カ所で交わっており、この4つの頂点の次数がすべて奇数なので(0, 4)で表され、一筆書きは不可能。

難易度 ★★

常識を疑え

Q.61 **一筆書きできる？（その3）**

以下の図は自動車のマークです。

この中で、一筆書きができるもの、

できないものを判定してください。

Answer 61

① できない ② できない
③ できる   ④ できる

①は6つの頂点の次数が、すべて奇数なのでこの場合は(0, 6)で表され、一筆書きは不可能。頂点の次数は奇数が2個以内に限る。

②は頂点の次数が奇数4カ所、偶数3カ所なので、(3, 4)で表され、不可能。

③は2つの頂点の次数が奇数(3本)で、1つの頂点が偶数なので、(1, 2)で表され、規則Ⅱにより可能。

④は2つの頂点の次数が奇数(3本)で、他の頂点の次数は偶数なので、(4, 2)で表され、規則Ⅱにより可能。

身の回りのロゴで、一筆書きができるものを見つけて、楽しんでください。

常識を疑え

難易度 ★★★

Q.68 すべての橋を渡り切る

その昔、東プロシア(現ロシア)にケーニヒスベルクという町がありました。ここには7つの橋がありますが、同じ橋を2度以上渡らずに7つ全部を渡り切れるかが、問題になりました。すべて渡り切れるか考えてみてください。

ヒント：橋の両端に頂点を作り、頂点と頂点を線で結んで橋を辺(線)と見なして考えてみると…

Answer
68 不可能です

なぜなら、4つすべての頂点の次数が奇数だから。

これを数学的に証明したのはスイスの数学者オイラー(1707−1783)です。Q.65に挙げた2つの規則はオイラーが発見したので、「オイラーの定理」と言われています。

オイラーは60歳代半ばに両目を失明しましたが、屈せず研究を続け、口述筆記で論文を発表し、1783年、76歳でサンクトペテルブルク(ロシア)で亡くなりました。

第5部

難問に挑戦

ゲーム理論は、第二次世界大戦中、イギリスで生まれました。当時、連合国はドイツのUボート(潜水艦)に悩まされていました。この悩みに対してイギリス軍は科学的に対応し、成功を収めました(Q.76参照)。

　この方法は、のちにOperational Research(作戦研究・OR)と呼ばれ、アメリカにわたり、戦後、企業の中で効果的な経営の手段として見直されました。

　最少の攻撃で相手に最大の打撃を与えるという考え方は、企業では「最少の費用で最大の利益を得る」という考え方に転用されるようになりました。呼び名もアメリカではOperations Researchと複数形で呼ばれるようになりました。

　日本でも1957年にOR学会が設立され、精力的に研究が行われています。経済学部や経営学部では必須科目になっているのは当然ですが、数学科でも科目が設置され、数学的な見地から研究が行われています。現代のORはゲーム理論だけでなく、動的計画法、日程計画、線形計画、シミュレーションなど多分野に細分化されています。

　ORの目的は「最善の方法を求める」のではなく、むしろ「最悪を避ける」ことにあると、私は思っています。

難問に挑戦

難易度
★☆☆

Q.69 司令官に望ましいタイプ

アメリカの軍隊での話です。以下のA、B、C、Dの4人の中で司令官として最も望ましい人、最も望ましくない人を挙げてください。

- **A** まじめだが、賢くない。
- **B** まじめでないが、賢い。
- **C** まじめで、賢い。
- **D** まじめでなく、賢くもない。

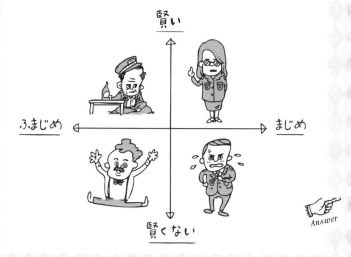

Answer 69
最も望ましい人 C
最も望ましくない人 A

　日本では、最も望ましくない人はDとしそうですが、米軍ではAを司令官として一番避けるようです。
　理由は、頭が悪い人が上に立って、これがまじめに指揮を執ると、「最悪の事態」を招くからです。頭が悪ければ、不まじめな人の方がまだマシと言われています。

　日本でも第二次世界大戦のとき、インパール（現ミャンマー、インド国境地帯）でM中将は作戦を誤って、約8万5000の兵のうち3万を失って、敗退しました。戦後、彼は愚将の代表と言われるようになりました。彼は陸軍士官学校出身でしたが、まじめではあったが賢くはなかったようです。この考え方は、会社や組織のトップにも当てはまりそうです。

難問に挑戦

難易度
★★☆

Q.10 公平な投票（その1）

7人が次に出品する作品について話し合っています。A、B、C 3つの案が出て、各人バラバラで1つに絞れません。

そこで投票にしたところ、次のような結果になりました。

A案：3票　B案：2票　C案：2票

多数決でA案に決まりかけたとき、1人が

「A案はたしかに多数だが、過半数でもないし、他案を推している人が4人もいるのに、3人のA案を採用するのはおかしい」

と、異論を唱えました。

さて、どうすればよいでしょう。

Answer 70 選出方法を工夫する

1人が1つの案しか選べないのが問題と考え、投票する人に順位をつけさせるようにします。その結果、以下のようになったとします。

	A案	B案	C案
白川	1	3	2
及川	3	1	2
水谷	1	3	2
三井	3	2	1
井深	1	2	3
九条	3	1	2
菊村	3	2	1

A案を1位に推しているのは、白川、水谷、井深の3人です。白川は2位にC案、3位にB案です。
さて、ここで1位に3点、2位に2点、3位に1点の重みをつけてみます。

このときの各案の得点は以下のようになります。
　　A案：3点×3＋2点×0＋1点×4 = 13点
　　B案：3点×2＋2点×3＋1点×2 = 14点
　　C案：3点×2＋2点×4＋1点×1 = 15点

　この結果では、最高得点はC案ということになります。こうしたやり方をボルダ方式といいます。

　たとえば、選挙権を持つ100人が、太郎、次郎、三郎の3人の候補者から1人を選ぶ投票を考えてみます。
　単純な多数決方式では、100人が適任と思う人1人を書いて投票します。太郎、次郎、三郎の得票数がそれぞれ40、35、25票だったとすると、通常の多数決なら太郎が当選します。
　しかし、考えてみると太郎以外の人に半分以上(60人)が賛成しています。つまり、太郎には(消極的に)60人が反対しています。ですから、「太郎の当選」は民意を反映しているか、となると疑問が出ます。

Answer

　さきのＡ案、Ｂ案、Ｃ案の場合、単純な多数決方式ではＡ案が最高の3票となりましたが、ボルダ方式では最低点になりました。

　単純な多数決方式では1位の得点を1点とし、それ以外は0点としました。つまり、2位以下の情報が生かされません。投票のとき順位をつけて、2位以下の情報も生かしたのがボルダ方式です。

　ボルダ方式は1770年、フランスのジャン・シャルル・ド・ボルダによって考案され、政治以外では、メジャーリーグの最優秀選手を選ぶときに使われているそうです。

　投票のやり方次第で結果が変わるということは、興味深いといえます。

　これ以外の投票の方法を次の問題で考えてみましょう。

難問に挑戦

Q.71 公平な投票（その2）

難易度 ★★☆

Q.70の投票結果は

A案：3票、 B案：2票、 C案：2票

ここで、2案に絞るため

下位2案から

（この場合、上位2案は該当ナシなので）

1案に絞り、残った2案で

決選投票を行うと、

どうなるでしょうか？

Answer
71 決選投票(予備選)方式でやるとC案

　B案とC案で予備選をやったとき、票がどう動くかを考えるときに参考になるのが、2位以下の動きです。先の表を再度見てみましょう。

	A案	B案	C案
白川	1	3	2
及川	3	1	2
水谷	1	3	2
三井	3	2	1
井深	1	2	3
九条	3	1	2
菊村	3	2	1

　B案とC案の比較では、この表に従えば

　白川は、B案とC案では順位から考えて、C案に投票します。

　及川は、B案とC案では順位から考えて、B案に投票します。

水谷は、B案とC案では順位から考えて、C案に投票します。
　以下、残りの4人についても同様に考えると、以下の結果になります。
　　　　B案：3票、　C案：4票
　この結果、B案が残ります。したがって、A案とC案の決選投票になります。

　ここで、再び投票結果で考えましょう。
　白川は、A案とC案では順位から考えて、A案に投票します。
　及川は、A案とC案では順位から考えて、C案に投票します。
　水谷は、A案とC案では順位から考えて、A案に投票します。
　以下同様に進めると、以下の結果になります。
　　　　A案：3票、　C案：4票

Answer

　C案が選ばれます。つまり、

- 単純多数決方式では …… A案
- ボルダ方式では …… C案（Q.70の答え参照）
- 決選投票方式（予備選方式）では …… C案

　投票方式次第で、異なった結果になるというのは興味深いことです。決選投票方式（予備選方式）は、本質的には各案に対して重みづけをやっていることになるので、ボルダ方式と同じ結果が出るのもうなずけます。
　日頃、何の疑いもなく多数決で結論を出していますが、こんな欠点が隠されています。

難易度 ★★★

Q.72 合コンで全員の希望を叶える

健、裕次郎、敏郎の3人の男性と、薫、ルリ子、真理子の3人の女性で合コンをやりました。

雑談で時間を過ごしたところで、6人にそれぞれ気に入った順に相手の名前を紙に記入してもらいました。その結果が次の通りです。

男性

	1位	2位	3位
健	薫	ルリ子	真理子
裕次郎	ルリ子	薫	真理子
敏郎	ルリ子	薫	真理子

女性

	1位	2位	3位
薫	裕次郎	健	敏郎
ルリ子	裕次郎	健	敏郎
真理子	健	敏郎	裕次郎

この希望から考えて、どういうカップルが一番、希望に沿った組み合わせになるでしょうか？

Answer 12
裕次郎とルリ子、健と薫、敏郎と真理子

各人の「好み」を、表にして考えてみます。

表の見方：健の好みは薫が第1位、薫の好みは健が第2位。

女性＼男性	健	裕次郎	敏郎
薫	1 / 2	2 / 1	2 / 3
ルリ子	2 / 2	1 / 1	1 / 3
真理子	3 / 1	3 / 3	3 / 2

裕次郎ールリ子の組合わせは両者第1希望同士なので決定。これで、裕次郎の列とルリ子の行は消える。

次に、希望が近く、順位が高いのは健ー薫。健の第1希望は薫、薫の第2希望は健。希望差が1なのでこれで、健の列と薫の行は消える。

残るは、敏郎－真理子となる。敏郎は第3希望で、真理子は第2希望。希望差は1。これで決定。

　こういう決め方をマッチング理論といいます。この理論の考案により、アルビン・ロス（ハーバード大学教授）とロイド・シャプレー（カリフォルニア大学ロサンゼルス校）の2人は2012年、ノーベル経済学賞を受賞しました。

　このマッチング理論は現在、アメリカでは研修医と受け入れ病院の双方の希望を最大限かなえるために使われているようです。日本でも導入されています。

難問に挑戦

Q.73 全員が納得する割り勘

難易度 ★★★

　会社の同僚A、B、Cの3人が居酒屋で一杯飲んだ。いざ、帰る段になり、タクシーで相乗りすることになりました。

　3人の家の近さの順序から、A→B→Cの順で回ることにしました。3人がそれぞれ帰宅するときのタクシー代は以下の通りです。

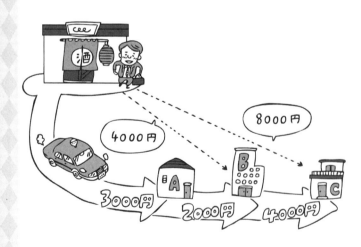

A→B→Cの順で回ると、合計9000円かかります。これを後日、会社で3等分すると、1人当たり3000円です。

　Cは1人で帰宅すると8000円かかるところ、3000円なら半分以下になるので、大喜び。

　Bも4000円かかるところ3000円で済むから、うれしい。

　しかし、Aは相乗りせずにゆったり1人で帰っても3000円。なんとなく、損をした気分。

　あなたなら、どんな割り勘の方法を考えますか？

13

Answer
A：1000円　B：2000円　C：6000円

① 居酒屋→A家までは3人で乗るので、ここまでの料金3000円を3等分して、3000÷3 = 1000円。Aはここで降りるので、Aのタクシー代は1000円。

② A家→B家までは2人で乗るので、ここまでの料金2000円を2等分して、2000÷2 = 1000円。Bはここで降りるので、Bのタクシー代は1000＋1000円 = 2000円。

③ B家→C家は、Cが1人で乗るので、4000円全額を1人で払う。したがって、Cのタクシー代は1000＋1000＋4000 = 6000円。

次のように表にまとめると、わかりやすい。カッコ内は、3人が別々に帰宅したときに比べて、得した分です。3人は平等に2000円、得をしています。

	居酒屋→A家 3000円	A家→B家 2000円	B家→C家 4000円	タクシー代合計 9000円
A (3000円)	1000円	0円	0円	1000円 (-2000円)
B (4000円)	1000円	1000円	0円	2000円 (-2000円)
C (8000円)	1000円	1000円	4000円	6000円 (-2000円)

一番左の列、カッコ内の数字は、各人が別々にタクシーで帰宅した場合の料金

　ちなみに、日本で「割り前勘定」(割り勘)という言葉を考えたのは、江戸時代後期の戯作者・山東京伝(さんとうきょうでん)と言われています。

難問に挑戦

難易度 ★★★

Q.74 進むべきか止まるべきか

A、B、2人がゲームをしています。ルールはいたって簡単。

右の図でSTEP1からスタートし、2人が交互にGOか、STOPのいずれかを選択するだけです。STEP1はA、STEP2はBと順番に選択していきます。

AもBも自分の番が来たらGOかSTOPのどちらかを選択できます。GOを選べば2人とも次のSTEPに進みます。STOPを選択するとその時点でゲームは終了し、各人が得られる賞金が右に書き込まれている金額です。たとえば、STEP1でAがSTOPを選ぶと、Aは1000円、Bは100円獲得できます。

最後まで到達すると、A、B2人とも5000円ずつ獲得できます。

あなたがAの立場なら、最良の策はどこでSTOPすることですか？

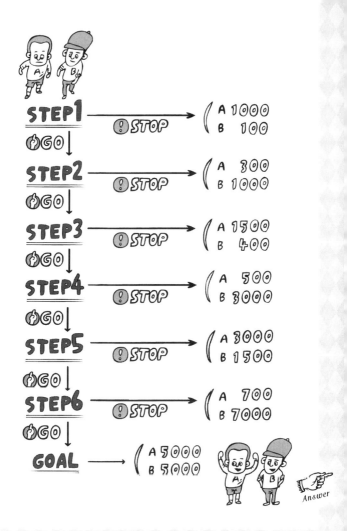

Answer 74 STEP1

　こうしたゲームは最後(ゴール)から考えるのが、コツです。

　Aから始めるとA、B、A、B、……の順で進むので、STEP6はBの番になります。この時点でのBの気持ちは……

STEP6でのBの気持ち

　ここでSTOPすれば、7000円もらえるが、この先GOで進むと5000円しかもらえなくなる。

　ここでSTOPした方が良さそうだ。

STEP5でのAの気持ち

　ここでやめれば3000円しかもらえないが、ゴールまで行けば5000円もらえる。

　ただし、STEP6に進むと、(前項で考えたように)Bは必ずSTOPを選んで7000円をせしめるだろう。そうなれば、俺(A)は700円しかもらえない。

　となるとゴールの5000円はあきらめて、ここでSTOPして、3000円を得た方が良さそうだ。

STEP4でのBの気持ち

ここでやめれば3000円しかもらえないが、STEP6まで進めば、7000円もらえる。

ただし、STEP5に進むと、(前項で考えたように)AはSTOPを選んで3000円もらうことを考えるだろう。

そうなると、そのときの俺(B)は、いまの半分の1500円になってしまう。

ここでSTOPした方が良さそうだ。

STEP3でのAの気持ち

ここでやめれば1500円だが、次に進むと500円に激減だ。

しかもSTEP4ではBの奴はいまの8倍近い3000円もらえるから、そこで奴にSTOPされたら、俺(A)はいまの3分の1の500円になってしまう。

ここで、STOPした方が良さそうだ。

STEP2でのBの気持ち

ここでやめれば1000円だが、次に進むと400円、いまの半分以下になってしまう。

しかもSTEP3では相手のAはいまの5倍の1500円もらえるから、そこでSTOPされたら、俺(B)はいまの半分以下の400円になってしまう。

ここで、STOPした方が良さそうだ。

STEP1でのAの気持ち

ここでやめれば1000円だが、次に進むと300円、いまの3分の1以下だ。

しかもSTEP2では、相手のBはいまの10倍の1000円もらえるから、そこでSTOPされたら、俺(A)は300円で、馬鹿を見る。

ここで、STOPした方が良さそうだ。

このような考えが働き、結局、Aは開始と同時にSTOPして1000円をもらうことで、「最悪の事態」を避けること

Answer

ができます。

　Aがゴールまで進んで5000円もらうという欲を出すと、「STEP2で相手のBがSTOPして、Aは300円しかもらえない」という「最悪の事態」を招きかねません。

　ゲーム理論では「最悪の事態を避ける」方法を考えるのが定石です。

難易度 ★★★

難問に挑戦

Q.75 どの戦略をとるか？

1943年2月、日本軍がラバウルからラエに増援部隊を送るのに、北側ルートは南側ルートより降雨のため視界が悪い。連合軍の将校は以下のように考えた。

① 我が連合軍の偵察機が北側を哨戒すると、日本軍が北側、南側いずれをとっても、日本軍の増援部隊船を発見するには1日を要し、攻撃日数は2日に限られる。
② 我が連合軍が南側を哨戒すると、日本軍が南側を航行すると即座に発見でき、攻撃日数は3日になる。もし日本軍が北側を航行すると、発見が遅れ、攻撃日数は1日しかない。

上の①、②のことは、連合軍だけでなく日本軍も知っていた。連合軍から見ると、戦闘能力に優れているので、攻撃日数を多くとりたい。一方、攻撃に劣る日本軍としてはできるだけ、受ける攻撃日数を少なくしたい。日本軍、連合軍のとるべき作戦は？

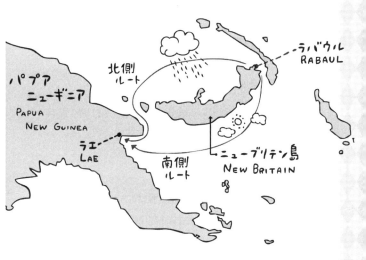

Answer 75
連合軍は北側を哨戒し、日本軍も北側を航行し、日本軍は惨敗。

①、②を表にすると、以下のようになります。

連合軍＼日本軍	北側	南側
北側	（2、−2）	（2、−2）
南側	（1、−1）	（3、−3）

北側：2（最小）
南側：1（最小）

−2（最大）　−3（最大）

※()内の数字は(連合軍の攻撃日数、日本軍の被攻撃日数)

連合軍としては、効果の最小を避けたい。
最小の最大(最小の最大化)は2 → 北側

日本軍としては、被害の最大を避けたい。
最大の最小(最大の最小化)は−2 → 北側

(連合軍の戦略)効果の最小の最大は「北側」……南側なら1日しか攻撃できないが、北側ならでも2日間攻撃可能。
→最小の最大 minimax

(日本軍の戦略)被害の最大の最小は「北側」……南側だと3日間攻撃を受けるが、北側なら2日間ですむ。
→最大の最小 maxmin

お互い、これ以上の良い作戦はありません。日本軍は北側から南側に変更しても攻撃される日数は2日間に変わりはなく、もし連合軍が南に変更すると、3日間攻撃を受けてしまいます。

これは第二次世界大戦中、実際に起きたもので、連合軍側は前記のOR的見地から北側警戒を選択したのに対して、日本軍側は護衛艦数、航行日数の長短などから北側輸送を選択しました。こうして両軍は北側を選択しました。

結果、1943年(昭和18年)3月2日から(予想より1日多い)3日間にわたって連合軍の攻撃を受け、日本軍は兵士6912名中、約3000名戦死、輸送船団壊滅という大打撃を受けました。戦史記録(防衛庁編)に

Answer

は、当時記載されている反省点として「上陸点ラエ選択の無理」、「艦船対空兵装の不足」、「超低空爆撃に対する配慮不足」など6点が見られるが、北側警戒の根拠となったOR的見地からの考察は全く見られません。

難問に挑戦

難易度 ★★★

Q.76 Uボートの撃沈急増

第二次世界大戦で、ドイツの潜水艦Uボートは連合軍の頭痛の種でした。すでに、商船約3000隻、空母2隻、戦艦2隻が撃沈されていたからです。あるとき、イギリスの司令官は攻撃機の乗組員に対して

「Uボートを発見しても、これまでのように攻撃しなくてよい。君たちがUボートの上空に達したとき、航空機からUボートの艦影がはっきり見えたか、わずかに見えたか、全く見えなかったか、を報告してくれ」

と指示しました。結果を聞いた後の作戦で、Uボートの撃沈率は7倍に増えました。司令官がとった作戦はどのようなものだったのでしょうか。

203

Answer 16
爆弾が水中で破裂する深さを変更した

　攻撃機の乗組員の報告を受けた司令官は、爆弾が水中で破裂する深さを、それまでの100フィートから25フィートに変更しました。その結果、Uボートの撃沈率は1％から7％に激増しました。

　費用をかけず、爆発深度を100フィートから25フィートに変更しただけで、撃沈した潜水艦が1隻から7隻に急増したのですから大成果です。

　この調査で分かったことは、それまで考えていたよりも、Uボートは深く潜ってはいなかったことです。この考え（最小の費用で、最大の効果を上げる）が、のちにオペレーションズ・リサーチ（Operations Research、OR）とよばれる研究のきっかけになりました。

　また、そのときの作戦研究で分かったこととして、それまでの航空機の色は白でしたが、黒の方が敵のUボートから発見されにくいことでした。平均で20％も発見が遅れたと言われています。発見が遅れた分、Uボートが

潜る(逃げる)深さは浅くなるわけです。
　常識に反して、空の色に対しては、白よりも黒の方が目立たないことは司令官としては意外でした。

　ORはイギリスで生まれ、アメリカで成長しました。戦後は、この考えを、「最小の費用で、最大の利益をあげる」ための手法として、企業の中で研究されるようになりました。先のゲーム理論はORの一分野です。日本にも、オペレーションズ・リサーチ学会(OR学会)があります。

難易度 ★★ ★★

Q.11 公平な遺産の分配

男が3人の息子を残して、亡くなりました。

遺書には、

「三男には100万円、次男には200万円、長男には300万円を与える」とありました。ただし、遺産が100万円だったとき、200万円だったとき、300万円だったとき、以下のように分けよと指示されていました。

	三男 100万円	次男 200万円	長男 300万円	
100万円	100/3万円	100/3万円	100/3万円	均等配分
200万円	50万円	75万円	75万円	?
300万円	50万円	100万円	150万円	比例配分

子どもたちは考えました。

　遺産額が100万円のときは3等分、300万円のときは比例配分というのはわかるが、200万円のときの割合が理解できません。

　300万円をもらえるはずの長男は、次男と同じなのは納得がいかないと言い出しました。

　一見、この分け方は統一されていないように見えますが、父親はきちんと「統一した分け方」を行なっていたのでした。

　父親の考えた分け方を、推定してください。

Answer

Answer
11 余った分を捨て、残りを等分する

　これを理解するのには、予備知識が必要です。以下は、前巻『この問題、とけますか？』Q.32の概要です。

　ここに、1枚の布があり、Aは全部欲しいと言い、Bは半分欲しいと言っている。これは、Aは「Bには渡したくない」ことを意味し、Bは「半分は要らない」と主張しているのに等しい。

　そこで、Bが「要らない」と言っている半分を、とりあえずAに与える。残った半分を、AとBとで仲良く半分ずつに分ける。

　結果、Aは全体の$\frac{3}{4}$を得て、Bは$\frac{1}{4}$を得ることになります。A、Bともに「あと$\frac{1}{4}$あれば主張した分が得られる」ことになります。つまり、「不足分(不満足分)は等しくなっている」という意味で、平等なのです。

　さて本題に移りましょう。

(1)遺産額が100万円だったとき

もらい分最少の三男が100万円なので、捨てる分はありません(布の場合は最少がBの半分でしたから、捨てる分は半分ありました)。そこで、全額100万円を3人で等分します。したがって、$\frac{100}{3}$万円が1人のもらい分です。

(2)遺産額が200万円だったとき

もらい分最少の三男が100万円なので、捨てる分は200万円－100万円で、100万円になります。捨てた100万円をとりあえず次男がもらいます。捨てた100万円を引いた残り分100万円を三男と次男で等分すると、50万円ずつもらえます。ここで、配分は以下のようになります。

三男	次男
50	150(=100+50)

次のステップとして、次男と長男の間での分配を考えます。次男のもらう権利は200万円で、すでにもらっている分は150万円しかないので、捨てる分はありません。したがって、この150万円を次男と、

長男で等分すると、1人当たり75万円となって、父親の遺言通りになります。

三男	次男	長男
50	75	75

（3）遺産額が300万円だったとき

　もらい分最少の三男が100万円なので、捨てる分は300万円－100万円で、200万円になります。捨てた200万円をとりあえず次男がもらいます。つぎに、残った100万円を三男と次男で等分すると、1人50万円もらえます。したがって、この時点で2人の取り分は

三男	次男
50	250（=200+50）

　次に、次男と長男での配分を考えます。次男の本来のもらい分は200万円なので、現在の250万円から50万円を捨てます。捨てた50万円は長男がもらいます。残った200万円を次男と長男で等分すると、1人当たり100万円になります。結果、以下のように父親の遺言通りになります。

三男	次男	長男
50	100	150

　遺産額が3つの場合のいずれに対しても「余った分は捨てて、残りを等分する」という統一した考え方で、父親の遺書の配分を説明できます。

　この考えは、ユダヤのタルムードという本に書かれています。「ミシュナの分配」としてよく知られています。長い間、この方法の解釈は解明されませんでしたが、1985年、数学者で経済学者のR.J.Aumann（ロバート・J・オーマン）が解明し、2005年にノーベル経済学賞を受賞しました。彼は、イスラエルとアメリカの2つの国籍を持っています。

　この考えは、倒産した会社の資産を、取引先の売掛額と取り分の問題として、倒産問題の処理にも応用できます。

難問に挑戦

Q.78 最弱のガンマンが決闘で生き残る方法

命中率20％しかないガンマンＹが、命中率100％のガンマンＧに、Y、Gの順序で撃ち合う決闘を申し込まれました。

このままでは、どうにも勝ち目がありません。Yは生き残りたい一心で考え、腕自慢のAを誘い込み、3人の撃ち合いに持ち込みました。Aの命中率は70％です。

さて、どうすれば、Yは生き残る確率を上げられますか？

ただし、撃つ順序はY、A、Gで、誰を狙うかは射撃手の自由です。各人が撃つ回数は2回までで、生き残った人が勝者です。

ヒント

一番怖いのは命中率100%のGです。彼に狙われたら、もうおしまいです。しかし、Gを狙って運よくGを倒しても、70%の腕を持つAに狙われては30%しか助かる見込みはないので、賢い選択とは言えません。

では、Aを狙うとどうか。うっかりAを倒すと、今度は100%の腕を持つGに狙われるので、もう助かる見込みはありません。

さて、Yが助かる可能性を彼の命中率20%より高めるには、どういう作戦が考えられるでしょうか。

Answer 78 Yは1回目を、あえて外すこと。

　命中率20％のYが、命中率100％のGを相手に2人きりでまともに勝負すると、Yが生き残る確率は20％しかありません。80％の確率で外れると、次は命中率100％のGは、確実にYを倒します。つまり、Yが生き残るには、最初の一発でGを仕留める以外にありません。

　そこで、命中率70％のAを仲間に入れ、YはAを狙ってあえて外します。空に向けて撃つか、空砲を撃てば絶対に当たりません。なまじ、「弾を込めたまま」でAを狙って撃てば、低いとはいえ20％の確率で当たってしまいます。Aが死ねば、次の射手Gが狙う相手はYだけ。Yは確実に倒されます。何しろ、Gは命中率100％ですから…。

　つまり、できる限りGとAを生き残らせ、2人の決闘に持ち込むことです。

　Y、A、G、3人の命中率を整理し、Yがあえて外した場合に、どのような結果となるか順序立てて考えてみましょう。Y：20％、　A：70％、　G：100％。

① Yは、Aを狙ってあえて外す（「YがAを狙って撃つこと」をY→Aで表す。以下同様）。

② 次にAは、Yより腕が上のGを狙って撃つ。その結果、70％の確率でGは倒されます（A→Gで外れた場合は⑥に進む）。

③ Gが倒れたとき、Yは2回目のチャンスとなる。Gはすでに倒れているので、Aを狙う（Y^2→Aで表す）。Y^2→Aの結果、20％の確率でAは倒され、勝者はY。

④ 上のY^2→Aで外れたとき（確率80％）、Aは2回目のチャンスとなる。Gはすでに②で倒れているので、AはYを狙う。A^2→Yの結果、70％の確率でYが倒され、勝者はA。

⑤ A^2→Yで外れたとき（確率30％）、Gはすでに倒れており、AもYも2回撃ったので、勝者はA、Y。

以下で②でA→Gが外れた場合（確率30％）を考えます。

⑥ Gは、Yより腕が上のAを狙う。Gは命中率100％なので、Aは倒される。

⑦ 次は、Yの2回目の番。Aはすでに倒れたので、Gを狙うしかない。Y^2→Gの結果当たると（確率20％）、勝者はY。

⑧ ⑦でY^2→Gが外れると（確率80％）、Gの2回目となる。Aは⑥ですでに倒されているので、GはYを狙い、Yは確実に倒される（Gの命中率は100％）。

以上の中で、③、⑤、⑦がYの生き残れるケースです。

これを図にすると、次のようになってわかりやすい。

(1)最初のY→Aで、命中率20％のYがあえて外した場合

Yが生き残る確率
- (a) 1.0×0.3×1.0×0.2 = 0.06
- (c) 1.0×0.7×0.2 = 0.14
- (d) 1.0×0.7×0.8×0.3 = 0.168

合計　0.368 = 36.8％

Gが生き残る確率
- (b) 1.0×0.3×1.0×0.8 = 0.24 = 24.0％

つまり、Yは1回目でAを相手にあえてはずすことで、生き残る確率を20％から36.8％に上げられるということです。逆に、命中率100％のGは、生き残る確率80％から24％に急落してしまいます。

これは面白い現象です。実生活でも、あいつは苦手なので、間に第三者を入れると上手くいくという話は、よく耳にします。

Answer

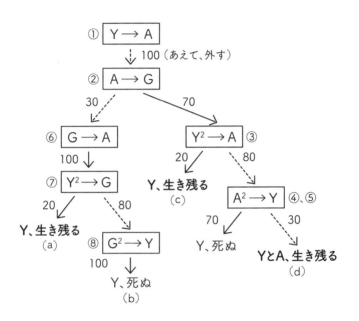

図中で、Y→A、Y^2→Gはそれぞれ「YがAを撃つ」、「Yが2回目のチャンスでGを撃つ」を表す。また、実線の矢印は命中した場合、点線は外れた場合、数字は命中率を表す。図中の①、②…はP.215の説明文と対応。

YがGを狙って20％の確率で倒してしまった場合は、以下のように悲劇です。

(2)最初のY→Gで、Gを倒してしまった場合

<u>Yが生き残る確率</u>
- (e)　0.2×0.3×0.2 = 0.012
- (f)　0.2×0.3×0.8×0.3 = 0.0144
- (g)　0.8×0.3×1.0×0.2 = 0.048

合計　0.0744 = 7.44％

Yにとって、この場合は最悪です。生き残る確率が20％から7.44％に急落です。

Answer

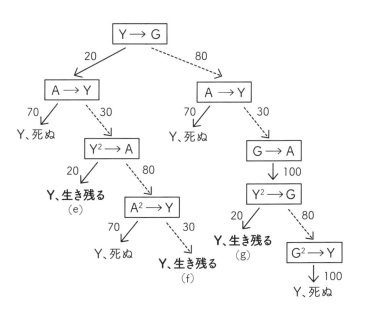

その他の場合を検討してみます。

(3) 最初のY→Gで、あえて外した場合

Yが生き残る確率
(h) 1.0×0.7×0.2 = 0.14
(i) 1.0×0.7×0.8×0.3 = 0.168
(j) 1.0×0.3×1.0×0.2 = 0.06
合計　0.368 = 36.8%

Gが生き残る確率
(k) 1.0×0.3×1.0×0.8 = 0.24 = 24%

(1)と同じ結果になるというのは、興味深いことです。

Answer

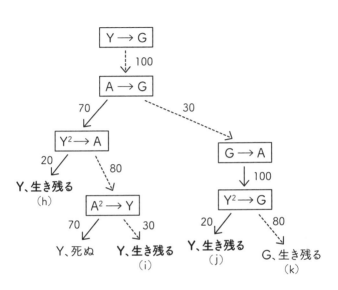

最後のケースです。

(4) 最初のY→Aで、Aを倒してしまった場合

Yが生き残る確率
- (l)　0.8×0.7×0.2 = 0.112
- (m)　0.8×0.7×0.8×0.3 = 0.1344
- (n)　0.8×0.3×1.0×0.2 = 0.048

合計　0.2944 = 29.4%

助かる確率が最初の20%よりは上昇しますが、36.8%（P.216）には及びません。

Answer

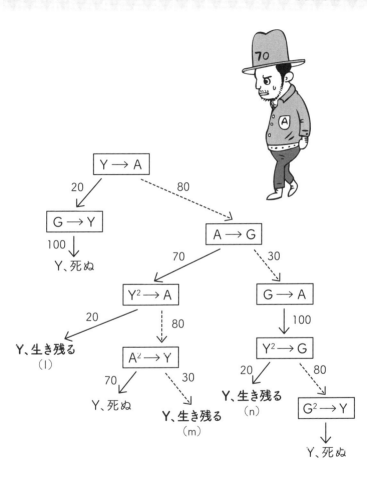

参考資料

(1) 藤村幸三郎・田村三郎
『パズル数学入門』(講談社, 1977)

(2) 嶋津祐一
『もっともやさしいゲーム理論』(日本経済新聞社, 2004)

(3) P.M.Morse, G.E.Kimball.
"Methods of Operations Research"(The MIT Press, 1959)

(4) 小田敏弘
『本当はすごい小学算数』(日本実業出版社, 2015)

(5) 藤村幸三郎
『推理パズル』(小山書店, 1955)

(6) 雑学総研
『大人の博識雑学1000』(KADOKAWA, 2016)

(7) 坂井豊貴
『「決め方」の経済学』(ダイヤモンド社, 2016)

(8) ポール・J・ナーイン
『ちょっと手ごわい確率パズル』(松浦俊輔訳, 青土社, 2002)

(9) アビナッシュ・ディキシット, バリー・ネイルバフ
『戦略的思考とは何か エール大学式ゲーム理論の発想法』
(菅野隆・嶋津祐一訳, CCCメディアハウス, 1991)

(10) 防衛庁防衛研修所
　　『東部ニューギニア方面 陸軍航空作戦』(朝雲新聞社, 1969)

(11) 上垣渉
　　『はじめて読む 数学の歴史』(ベレ出版, 2006)

(12) 吉田敬一
　　『大人のための名作パズル』(新潮社, 2006)

(13) 渡辺昭雄
　　『MIS その理解のために』(日刊工業新聞社, 1968)

あとがき

　2017年2月に出版した「この問題、とけますか?」は、おかげさまで多くの読者の心をとらえているようです。本書は「論理」を省略して、日常生活の中に見られるものを意識的に取り上げました(第1部、第4部など)。程度も少しやさしくして、高齢者も挑戦できるようにしました。

　本書を書き上げるにあったっては、多くの人の協力を得ました。Q.53の自動点滅装置の原理では半導体の専門家・桑原弘博士(静岡大学名誉教授)から参考になる資料の提供を受けました。また、Q.48の1＝0.999…の簡単な説明方法では、静岡理工科大学非常勤講師・窪田健一氏(学部で数学専攻＋大学院で情報科学専攻)から簡明な説明方法の提供を受けました。窪田氏は大学院時代、私の研究室で自然言語処理の研究をしました。両氏の協力に心から謝意を表します。

　さらに、問題の難易度や所要時間などをチェックするため、金井ひとみさん(主婦、60歳代)、渡辺伸江さん(主婦・日本語講師、60歳代)、中村八重子さん(日本語教師、40歳代)、桜井満希さん(日本語教師、40歳代)、宮田美穂さん(主婦・日本語教師、30歳代)には、

いくつかの問題に挑戦してもらいました。後の3人は、国際ことば学院(静岡市)専任の日本語教師です。仕事内容は同じですが、大学での専攻はそれぞれ異なっています。彼女たちには、貴重なご意見をいただきました。深謝いたします。

また、第1章の「楽しい答え」のいくつかは、静岡市にある不登校学校(フリー・スクール)の生徒さんたちの解答です。この学校では、パズルを通して数学的(論理的)な思考方法を教えるため2年半教鞭をとりましたが、とても優秀な生徒がたくさん在籍しておりました。Q.4、Q.5の答の多くは、このときの彼らの発想です。楽しい発想してくれた彼らに感謝します。

最後になりましたが、編集担当の斉藤俊太朗さんは、初期の原稿段階で打ち合わせのため泊りがけで浜松まで来られ、拙宅で長い時間議論し、調整をしてくださいました。本書の読みやすさ、おもしろさは、彼の協力よるところ大いにあります。深い謝意を表します。

2017年1月　䶌山寺鞠水亭(きくすいてい)(静岡県)にて

吉田敬一

だいわ文庫の好評既刊

*印は書き下ろし

有田秀穂
不安・心の疲れがスーッと消える
脳内セロトニン活性法

うつ、イライラ、パニック、ひきこもり、不眠——。さまざまな心と体の悩みを一気に解消する「セロトニン」神経の鍛え方。

600円 207-1 C

＊荒井弥栄
元 国際線ＣＡが教える
日本人が知らないシンプル英会話

「言ってからではもう遅い」日本人が誤解する英会話を紹介。中学英語をシンプルに言いかえるだけでネイティブに通じる英語に！

648円 208-1 E

＊岡本裕
実はまちがっていた健康の「常識」

「3食きちんととらなくてはいけない」「ストレスは少ないほうがいい」「医者は健康のプロである」……ぜんぶ誤りです！

648円 209-1 A

＊岡本裕
医者だけが知っている 医者と薬に頼らない生き方
新たにおさえておきたい16の「健康習慣」

「3食きちんととらなくてはいけない」「マラソンは身体にいい」「医者は健康のプロ」「7時間睡眠が最適」……ぜんぶ誤りです！

650円 209-2 A

阿部絢子
始末のいい暮らし方
ムダの少ない、気持ちのいい毎日のために

今日から心がけたい「食べっぱなし・着っぱなし・出しっぱなし・買いっぱなし・しまいっぱなし」。つましく豊かに暮らす知恵。

648円 210-1 A

阿部絢子
老いのシンプルひとり暮らし

ひとりは気楽で楽しい！ 家事の工夫やお金の管理法、心構えまで、60歳からのひとり暮らしを快適に心豊かに過ごすための知恵が満載。

650円 210-2 A

表示価格はすべて本体価格（税別）です。本体価格は変更することがあります。

だいわ文庫の好評既刊

*印は書き下ろし

小林麻綾
小林惠智 監修
職場のイヤな人の取り扱い方法

あなたの職場にこんな人いませんか？「上司というだけで、決断力も実行力もないうすらバカな人……」

600円
227-1 B

中野ジェームズ修一
下半身に筋肉をつけると「太らない」「疲れない」

40歳を過ぎても、疲れず、体型も崩れない人がいつもしていること。オリンピックトレーナーが教える筋ケアの実践アドバイス。

600円
228-2 A

中野ジェームズ修一
上半身に筋肉をつけると「肩がこらない」「ねこ背にならない」

猫背が、体型崩れ、肩こり、ストレートネック、肥満をつくる!? 肩甲骨を「意識」するだけで、からだがグンと楽になる。

600円
228-3 A

中野ジェームズ修一
体幹を鍛えると「おなかが出ない」「腰痛にならない」

腹筋をしても体幹はつかない!? 快適に体が動くようになる、正しい体幹の使い方。運動力、生活力が一気にアップする体リセット術。

600円
228-4 A

---

*中野ジェームズ修一
フィジカルトレーナーが教える正しいウォーキングの始め方

歩数よりも「歩き力」を上げると、効果が抜群に上がる。フィジカルトレーナーが教える正しいきびきびウォーキングの始め方。

650円
228-5 A

---

*佐々木高弘
小松和彦 監修
京都妖界案内

鬼、天狗、土蜘蛛、怨霊……。悠久の歴史を誇る雅の都は古の妖怪や怨念が蠢く霊的空間でもあった。古地図でめぐる京都妖怪紀！

648円
229-1 E

表示価格はすべて本体価格（税別）です。本体価格は変更することがあります。

だいわ文庫の好評既刊

*印は書き下ろし

久保憂希也
文系ビジネスマンでもわかる数字力の教科書
当たり前なのに3％の人しかやってない仕事の数字をつかむ術

これからの時代、「数字は苦手でして」では真っ先にクビ！ いまのビジネスに必要な「数字力」がすっきり全部身につく本。

650円
242-1 G

有元葉子
オリーブオイルと玄米のおいしい暮らし

「元気の秘訣は玄米とオリーブオイル、そして野菜のおかげです」という人気料理家有元葉子のライフスタイルエッセイ。

650円
244-1 D

有元葉子
ためない暮らし

人気料理研究家が教える、食材を最後まで使い切るコツ、ものを整理してすっきりシンプルに生きるための処方箋。

650円
244-2 A

*戸部民夫
神様になった動物たち
47種類の動物神とまつられた神社がよくわかる本

天満宮の牛、日吉大社の猿など、神社に祀られている動物は多い。日本人は動物のどこに神秘性を見たのか。身近で意外な神社の謎！

700円
245-1 E

*戸部民夫
日本の「有名な神社」の起源がよくわかる本

全国的に知られている、よく人がお参りに来る、地元では皆がそこへ行く……。各都道府県で有名な神社とその発端となった伝説を紹介！

700円
245-2 E

池谷裕二 監修
夏谷隆治
記憶力を磨く方法

覚えるなんて簡単だ——。脳の「クセ」を利用して記憶をしっかり定着させれば、サクサク覚えて忘れない。

650円
246-1 C

表示価格はすべて本体価格（税別）です。本体価格は変更することがあります。

だいわ文庫の好評既刊

*印は書き下ろし

*なるほど倶楽部
「もののはじまり」雑学大全
ベストセラー『無敵の雑学』著者、最新刊。「松竹梅の序列はどう決まったのか」「お祝いでシャンパンを飲む理由」など仰天の雑学満載。
700円　252-1 E

石原加受子
もう、邪悪な人に振り回されない!
身近にいる憎い同僚、暴言夫、被害者面をする友人。どんな人にも応用可能な方法を石原先生が教えます。読んだ後は気分爽快!
650円　253-1 A

*武光　誠
日本人が知らない家紋の秘密
戦国武将、幕末志士、文豪など、歴史上の著名人を含む200種類以上の家紋を紹介。日本人なら知っておきたい家紋の歴史を紹介!
650円　254-1 H

*樺旦純
嫌なことが一瞬でなくなる大人の心理学
ウマが合わない人との付き合い、男女のすれ違い、自分へのダメ出し…ストレスの元になる困ったこと、嫌いなことを手放す心理学!
650円　255-1 B

*吉田敦彦
一冊でまるごとわかるギリシア神話
欲望、誘惑、浮気、姦通、嫉妬、戦い……恋と憎悪の嵐が吹き荒れる!3万年語り継がれる「神々の愛憎劇」を90分で大づかみ!
700円　256-1 E

*吉田敦彦
一冊でまるごとわかる北欧神話
オージン、トール、ロキほか神々の誕生から、邪悪な巨人族との最終戦争まで、極北で語り継がれる雄勁な物語を90分で大づかみ!
740円　256-2 E

表示価格はすべて本体価格(税別)です。本体価格は変更することがあります。

吉田敬一（よしだ・けいいち）

北海道増毛町生まれ。法政大学工学部卒、工学博士（慶應義塾大学）。NECを経て、静岡大学教授定年退官後日本大学、北京大学および北京外国語大学（客員）の各教授などを歴任。専門は情報科学。
『教養・コンピュータ』（共立出版）、『教養・C言語』（共著、共立出版）、『コンピュータ・サイエンスのための言語理論入門』（共訳、共立出版）、『大人のための名作パズル』（新潮新書）、『この問題、とけますか？』（だいわ文庫）など訳書、著書多数。

本作品は当文庫のための書き下ろしです。

この問題、とけますか？2

二〇一八年一月一五日第一刷発行

著者 吉田敬一
Copyright ©2018 Keiichi Yoshida Printed in Japan

発行者 佐藤靖
発行所 大和書房
東京都文京区関口一-三三-四 〒一一二-〇〇
電話 〇三-三二〇三-四五一一

フォーマットデザイン 鈴木成一デザイン室
本文デザイン・DTP 根本佐知子（梔図案室）
本文イラスト ヤギワタル
本文印刷 シナノ
カバー印刷 山一印刷
製本 ナショナル製本

ISBN978-4-479-30686-3
乱丁本・落丁本はお取り替えいたします。
http://www.daiwashobo.co.jp